U0244734

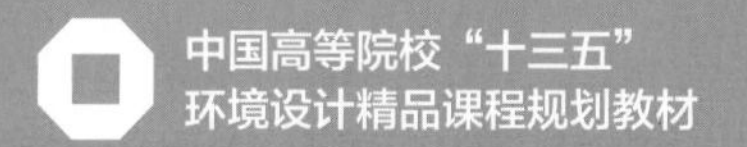

张一帆 / 主编

Environmental Art Design Preliminary
环境艺术设计初步

律师声明

北京市中友律师事务所李苗苗律师代表中国青年出版社郑重声明：本书由著作权人授权中国青年出版社独家出版发行。未经版权所有人和中国青年出版社书面许可，任何组织机构、个人不得以任何形式擅自复制、改编或传播本书全部或部分内容。凡有侵权行为，必须承担法律责任。中国青年出版社将配合版权执法机关大力打击盗印、盗版等任何形式的侵权行为。敬请广大读者协助举报，对经查实的侵权案件给予举报人重奖。

侵权举报电话

全国“扫黄打非”工作小组办公室	中国青年出版社
010-65233456 65212870	010-50856028
http://www.shdf.gov.cn	E-mail: editor@cypmedia.com

图书在版编目（CIP）数据

环境艺术设计初步 / 张一帆主编 . — 北京：中国青年出版社，2018.5
中国高等院校“十三五”环境设计精品课程规划教材
ISBN 978-7-5153-5109-4
I. ①环… II. ①张 III. ①环境设计 – 高等学校 – 教材
IV. ①TU-856
中国版本图书馆 CIP 数据核字（2018）第 094075 号

中国高等院校“十三五”环境设计精品课程规划教材：
环境艺术设计初步

张一帆 / 主编

出版发行：中国青年出版社
地　　址：北京市东四十二条 21 号
邮政编码：100708
电　　话：（010）50856188 / 50856199
传　　真：（010）50856111
企　　划：北京中青雄狮数码传媒科技有限公司

责任编辑：张　军
助理编辑：杨佩云

印　　刷：北京建宏印刷有限公司
开　　本：787 × 1092　1/16
印　　张：9
版　　次：2018 年 6 月北京第 1 版
印　　次：2018 年 6 月第 1 次印刷
书　　号：ISBN 978-7-5153-5109-4
定　　价：54.80 元

本书如有印装质量等问题，请与本社联系
电话：(010) 50856188 / 50856199
读者来信: reader@cypmedia.com
如有其他问题请访问我们的网站: www.cypmedia.com

前言

本书主要是依据环境艺术设计初步学习所必须了解和掌握的基础知识、基本技能，结合近年来综合类院校环境艺术设计专业学生的知识结构与艺术修养状况有针对性地编写。本书旨在为环境设计专业初学者和非专业人士提供一个系统了解本专业的引导。通过对环境艺术设计基本知识的学习，增加学生对该专业学习的兴趣，了解环境艺术设计的基本范畴、发展历程和设计对象的基本特征，并结合设计案例让环境设计学生经过综合学习后，自己可以完成怎样的设计方案。

张一帆

目录

01 环境设计概论

02 环境设计的空间构成

03 环境设计手绘表现技法

04 计算机辅助设计软件

05 设计方法

06 优秀学生作品

01 环境设计概论

1.1 概念与范畴

1.1.1 环境设计的概念

设计一词被解释为“在正式做某项工作之前，根据一定的目的和要求，预先制定方法、图样等。”简而言之，设计就是设想和计划。

环境是人类赖以生存的基本条件，与我们的生活密切相关，在社会经济和人类文明日益发展提高的今天，人类的生存质量得到普遍关注，全球环境危机促使人们环境意识的觉醒，保护环境、治理环境污染，这是人们在饱尝生态平衡的苦果后做出的第一反应，接下来人们又寄希望于改善人类的生存条件，创造理想的社会环境。

环境艺术就是创造良好场所的艺术，就是用艺术的手法来优化、完善我们的生存空间。自然环境是相对于人工场所或者说人工环境而存在的具体的自然造化。它是整个生态平衡的支撑，又是环境艺术整个文脉系统的重要组成部分。它也客观的制约着人工场所的形态构成与发展。

环境设计也可以看成人类的艺术创造活动，人们通过设计手法有意识地物质化自己的审美理想。在环境艺术中，物化形象和抽象功能与艺术空间是并存的。所谓物化形象，指的是构成环境的界面和相关物品：广场、建筑、庭院、绿化、壁画、雕塑和特定的室内空间；所谓空间艺术则是物质形体与抽象空间关系处理的艺术。

环境设计审美的过程是一个多元化的感知过程：个性离不开一般意义的、功能上的普遍性；现实性离不开历史上的延续性和发展上的未来性；诗性离不开实用性。环境设计的表现要尊重客观工作环境，准确且经济地应用设计语言。无论环境设计作品的个性有多强，只要是好的，必然是有条理、有秩序，与其文化和自然背景有着必然联系。

1.1.2 环境设计的范畴

虽然我们的生存环境有许多人为的疆界，然而，我们的世界仍是一个整体。人类共享着同一个天空、海洋和为数不多且不能再生的自然资源。人类进化的历史，正是一部人类用自己力量构造理想的生存环境的历史，环境设计史是一部综合性的设计历史，一部人类栖居形态演变、营造技术进步和环境艺术思想发展的历史。

一部完整的环境设计史所要展现的应该是人与自然之间关系演变的过程，尤其是人作为最高级的生物形态去主动地影响自然和环境的过程。

环境设计是个新概念。大，涉及整个人类居环境的系统规划；小，关注人们生活与工作的不同场所的营造。环境设计活动中有不同的分工，但是，分工却不能分家，所有对环境的设计离不开一个整体——人居环境质量的思考。（图 1-1~ 图 1-3）

图 1-1 新加坡

图 1-2 荷兰

图 1-3 苏州博物馆

环境设计的工作范畴涉及城市设计、景观和园林设计、建筑与室内设计的有关技术与艺术问题。环境设计师从修养上讲应该是一个“通才”。除了具备相应专业的技能和知识（城市规划、建筑学、结构与材料等），更需要深厚的文化与艺术修养，因为任何一种健康的审美情趣都是建立在较完整的文化结构（文化史的知识、行为科学的知识）之上。与设计师艺术修养密切相关的还有设计师自身的综合艺术观的培养、新的造型媒介和艺术手法的相互渗透。环境设计使各门艺术在一个共享空间中向公众同时展现。作为设计师，必须具备与各类艺术交流沟通的能力，必须热情的介入不同的设计活动，协调并处理有关人们的生存环境质量的优化问题。与其他艺术和设计门类相比，环境设计师更是一个系统工程的协调者。

环境设计作为一门新兴的学科，是二战后在欧美逐渐受到重视的，它是 20 世纪工业与商品经济高度发展中，科学、经济和艺术结合的产物。它一步到位地把实用功能和审美功能作为有机的整体统一起来。环境设计是一个大的范畴，综合性很强，是指环境艺术工程的空间规划，艺术构想方案的综合计划，其中包括了环境与设施计划、空间与装饰计划、造型与构造计划、材料与色彩计划、采光与布光计划、使用功能与审美功能的计划等等。

环境设计特征及要求

1. 整体性：从设计的行为特征来看，环境设计是一种强调整体环境效果的艺术，在这种设计中，对各种实体要素（包括各种室外建筑构件、景观小品等）的创造是重要的，但不是首要的，因为最重要的是要把握对室外环境的整体创造。居住区环境是由各种室外建筑的构件、材料、色彩及周围的绿化、景观小品等各种要素整合构成。一个完整的环境设计，不仅可以充分体现构成环境的各种物质的性质，还可以在这个基础上形成统一而完美的整体效果。没有对整体效果的控制与把握，再美的形体或形式都只能是一些支离破碎或自相矛盾的局部。

2. 多元性：居住区环境设计的多元性是指环境设计中将人文、历史、风情、地域、技术等多种元素与景观环境相融合的一种特征。如在城市众多的住宅环境中，可以有当地风俗的建筑景观、可以有异域风格的建设景观、也可以有古典风格、现代风格或田园风格的建设景观，这种丰富的多元形态，包含了更多的内涵与神韵、典雅与古朴、简约与细致、理性与狂欢。因此，只有多元性城市居住区环境才能让整个城市的环境更为丰富多彩，才能让居民在住宅的选择上有更大的余地。（图 1-4~ 图 1-7）

图 1-4 首尔街头

图 1-5 伦敦游乐场

图 1-6 顺德清晖园

图 1-7 马来西亚清真寺

3. 人文性：环境设计的人文性特征表现在室外空间的环境应与使用者的文化层次、地区文化的特征相适应，并满足人们物质的、精神的各种需求。只有如此，才能形成一个充满文化氛围和人性情趣的环境空间。中国从南到北自然气候迥异，各民族生活方式各具特色，居住环境千差万别，因此，居住区空间环境的人文性特性非常明显，它是极其丰富的环境设计资源。（图 1-8~图 1-11）

图 1-8 广州塔

图 1-9 顺德佛山

图 1-10 马来西亚 1

图 1-11 马来西亚 2

4. 艺术性：艺术性是环境设计的主要特征之一，居住区环境设计中的所有内容，都以满足功能为基本要求。这里的“功能”包括“使用功能”和“观赏功能”，二者缺一不可。室外空间包含有形空间与无形空间两部分内容。有形空间的艺术特征包含形体、材质、色彩、景观等，它的艺术特征一般表现为建筑环境中的对称与均衡、对比与统一、比例与尺度、节奏与韵律等。而无形空间的艺术特征是指室外空间给人带来的流畅、自然、舒适、协调的感受与各种精神需求的满足。二者的全面体现才是环境设计中的完美境界。

5. 科技性：居住区室外空间的创造是一门工程技术性科学，空间组织手段的实现，必须依赖技术手段，要依靠对于材料、工艺、各种技术的科学运用，才能圆满地实现。这里所说的科技性特征，包括结构、材料、工艺、施工、设备、光学、声学、环保等方面的因素。现代社会中，人们的居住要求越来越趋向于高档化、舒适化、快捷化、安全化，因此，在居住区室外环境设计中，增添了很多高科技的会计师，如智能化的小区管理系统、电子监控系统、智能化生活服务网络系统，现代化通信技术等，而层出不穷的新材料也使环境设计的内容在不断地充实和更新。（图 1-12、图 1-13）

图 1-12 广州地铁

图 1-13 广州南站

环境设计培养目标

培养具有现代设计意识，掌握先进的设计手段，具备艺术设计、环境设计等方面的知识和能力，能满足各级职能机构及设计部门对专业设计人才的需求，同时亦能适应大、中专院校对高素质艺术设计师资的需要。

环境设计业务要求

本专业学生主要学习艺术设计的基本理论和基本知识，艺术设计创作的专业技能和方法，了解国内外艺术设计的历史现状和发展趋势，具备文案策划、产品设计，熟练使用各种电脑设计软件进行现代艺术设计及制作的基本能力。主要包括以下几方面的知识和能力：具有较强的环境艺术知识，掌握与环境艺术相关的理论基础知识，能承担从市场调研到创意策划及各类艺术设计全过程的总体策划；具有一定的空间设计和环境设计能力，掌握较为全面的设计专业基础知识，具备专业设计的表现和鉴赏能力及相应的专业拓展能力；能熟练掌握运用计算机的各种设计软件及摄影等技法表现，具有较强的艺术设计综合能力、较为宽广的知识面和文化修养以及较强的语言表达能力。

环境设计专业特色

环境艺术设计专业强调艺术意识的提升及设计应用能力的拓展，以较全面的设计课程教学来奠定坚实的专业基本功，以多元的专业课程设置来构建学生应对艺术设计市场发展变化的操作能力。加大计算机课程比例，计算机应用融入各门专业课教学之中，培养学生能够熟练使用电脑进行现代艺术设计。突出英语教学，有较高的英语要求，以助于学生吸收先进的设计观念和技术。加强实践环节的教学，安排较为充足的实习时间，紧密结合市场需求，强调学生在接触专业设计课程之后，有效地利用各种机会进行艺术设计的实践活动，学院建有稳定的实习基地，为学生实践实习活动提供保障。

对能力培养的要求

随着市场经济的进一步发展，社会在不断地进步，环艺的知识也需要随时更新。在现代城市环境中人的生活、工作、娱乐等活动日益丰富，活动范围也在日益扩大，交往日益频繁，因此对环境的要求也就更加多样化，对环境的质量标准也越来越高。如城市环境中多功能厅、专卖店、综合性商场、室内外多种类的共享空间、步行街设计质量的提高等等都是环境设计来加以解决的课题。因此必须让本专业的知识结构更加符合市场的需求，从而提升自身的竞争力。

为了达到学以致用，就必须培养必要的技术能力

1. 分析与定位的能力

环艺设计会面临客观对象的各种问题，在设计过程中应客观地、准确地分析对象，找出主要的问题和矛盾，做出符合规律的正确、合理的设计定位，为后续的设计工作提供正确的依据。

2. 创新能力

创新是环艺设计的灵魂，设计就是寻求新的设计理念方案、新的空间、新的造型符号、创造新的生活环境。

3. 设计表达能力

设计的要求是必须将自己的设计思想清晰、准确、多方位地表达出来，让别人能准确地理解设计思想。常见的表达方式包括图纸、模型、计算机、文字、语言表达等。

普遍认为环境艺术设计专业的学生应该加强专业之外的知识和素质的培养，应该具备良好的自学习惯，有助于进入社会后的良好发展。要有上进心、责任心、鉴赏能力，加强综合素质培养。

设计是为人服务的，应该秉承“以人为本”的思想，作为设计师应该是热爱生活，并且对生活很敏锐，统筹考虑，又不忽略细节的，尽自己最大的可能和努力去完成每一个设计。要有良好的心态，所谓谋事在人成事在天！日积月累的丰富经验和文化底蕴会有助于成为一个优秀的设计师！

环境艺术的概念及工作内容

环境设计中的“环境”指的是以建筑为主体，以环境中的建筑作为主体，对于建筑室内外的空间环境，通过艺术设计的方式进行设计和整合的一门实用艺术。（图 1-14~ 图 1-18）

图 1-14 伦敦 1

图 1-15 伦敦 2

图 1-16 日本京都 1

图 1-17 日本京都 2

环境思维是人脑对环境的概括和间接的反映。只有在获取大量感性材料的基础上，人们才能进行推理和联想，做出种种假设，并检验这些假设，近而揭露感知所不能揭示的环境的本质特征和内部联系，从而进展到设计思维。设计思维的核心是创造性思维，设计思维是科学思维的逻辑性和艺术思维的形象性的有机整合，艺术思维在设计思维中具有相对独立和相对重要的位置。

图 1-18 苏州博物馆

对于环境艺术设计者而言，形象思维可以说是最经常、最灵便的一种思维方式，需用形象思维的方式去建构、解构，从而寻找和建立表达设计的完整形式。

环境设计是一个庞大的系统，它涉及的范围广泛，是一个协调各门类艺术的整合体。从建筑、城市雕塑、公共空间、室内空间、园林艺术到人的生活的所有空间无所不包。

工作内容：通过一定的组织、围合手段、对空间界面（室内外墙柱面、地面、顶棚、门窗等）进行艺术处理（形态、色彩、质地等），运用自然光、人工照明、家具、饰物的布置、造型等设计语言，以及植物花卉、水体、小品、雕塑等的配置，使建筑物的室内外空间环境体现出特定的氛围和一定的风格，来满足人们的功能使用及视觉审美上的需要。（图 1-19~ 图 1-21）

图 1-19 杭州扇博物馆

图 1-20 首尔绿化

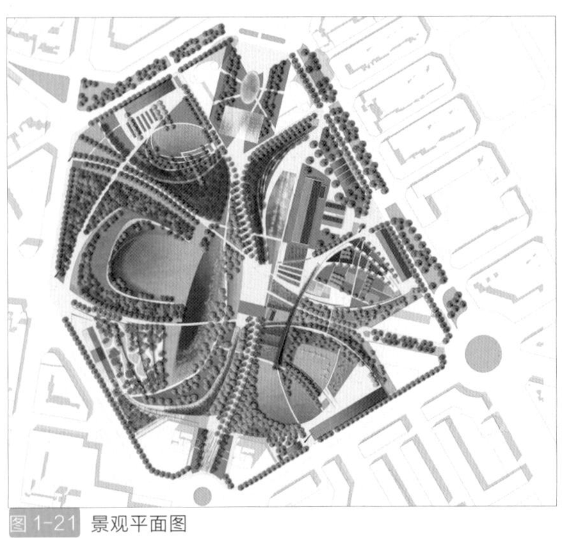

图 1-21 景观平面图

1.2 环境设计的内容和发展

1.2.1 环境设计的内容

环境艺术设计广义上分为：室内设计和室外空间设计。狭义上就是指室内设计。室外空间设计称为景观设计。

室内设计与建筑设计之间的关系极为密切，相互渗透，通常建筑设计是室内设计的前提，正如城市规划和城市设计是建筑单体设计的前提一样。室内设计与建筑设计有许多共同点，即都要考虑物质功能和精神功能的要求，都要遵循建筑美学的原理，都受物质技术和经济条件的制约等等。（图 1-22 - 图 1-23）

图 1-22 顺德佛山

图 1-23 泰国普吉岛珠宝店

图 1-24 旧墩舷梯

环境设计的发展

环境设计——发展趋势

作为一个设计者，想必每个人都曾经思考过怎样更合理、客观、全面、科学地完成一个设计。一般来说，设计过程的本身是非常复杂的，存在着多方面的相关因素，例如：施工业主（目的、资金力、信用力的综合判断），利用者（积极参与、要求、合理性），出资者（依赖要领书、关心度），设计者（价值观，要求的满足、目标的达成），专家（交流、行动分析、综合评价），经营业主（财政能力、管理能力）等。其中，利用一些数理统计模型进行最合理最优化选择的方法已经在几十年前就开始应用了，最常见的方法有线性规划和 AHP（Analytic Hierarchy Process）。前者的优点在于其精度高，但设定的范围窄，后者的优点在于设定范围广，但精度较低。上述的方法，一般都只局限在设计者怎样去达成设计过程的最终目标上。然而，随着人们对自己周围环境要求的不断提高，环境设计的趋势和方向也在不断地发展变化，以设计者的决策为主导的设计过程已经在削弱，人们更注重利用者的要求和愿望，因为环境设计的最终目的是为生活、工作在这个环境中的人们（或称利用者）提供一个良好的环境，也就是说为每位利用者创造一个舒适的空间。正因为如此，环境设计的服务对象就是利用者，设计的全过程都应围绕着这个主题进行，在这种情况下，就出现了以公众参与为主的环境设计，并很快地波及世界各地，作为拥有 13 亿人口、960 万平方公里的中国，无论从利用者人数还是国土面积来说，“公众参与”设计具有其绝对广泛的应用前景。

1.3 环境设计的现状、目的和作用

环境总是相对于某一中心事物而言的。环境因中心事物的不同而不同，随中心事物的变化而变化。围绕中心事物的外部空间、条件和状况，构成中心事物的环境。

环境设计根据教育部专业目录委员会在历年本专科专业命名目录中又称为“艺术设计（环境设计）”，国家教育部高教司官方工作人员声称国家教育部历年（2000年——2013年）修订的专业目录中注明，该专业，本科阶段在毕业证打印“艺术设计（环境设计）”的字样，专科阶段在毕业证打印“环境艺术设计”的字样。

环境设计又称“艺术设计（环境设计）”。环境艺术设计的叫法，始于20世纪80年代末，当时的中央工艺美术学院室内设计系（现清华大学美术学院设计系）为仿效日本，而将院系名称由“室内设计”改成“环境艺术设计”，但专业名称一直称为“艺术设计（环境设计）”这8个字，就是俗称的“环境艺术设计”方向。

一时间，全国众多设计院校紧随其后、纷纷效仿。改名称成了时髦，一阵风似的，很少有人冷静思考。几个认为改名不妥的专家出来呼吁也没人听，几年后，连那些当年积极带头的人也觉得改的不妥当。

在中国，所谓的“环境艺术设计”就是指室内装饰、室内外设计、景观设计、建筑装饰和装饰装潢等等。尽管叫法很多，但其内涵相同，都是指围绕建筑所进行的设计和装饰活动。要说有区别的话，那就是室内装修和室外装修的区别。由此我们可以看出，室内设计的叫法也很不妥，其限定性概念显然是将室外装饰设计排斥在外，致使围绕建筑外立面和小环境的装饰设计，出现建筑、室内、园林、景观等各设计施工行业竞相插足的现象。

另一方面，环境艺术设计就其狭义（围绕建筑的室内外设计）上讲，叫法也算贴切。但其广义的概念和范围就不得了了，环境艺术几乎涵盖了地球表面的所有地面环境和与美化装饰有关的所有设计领域。（图1-25～图1-27）

图1-25 上海外滩

图1-26 成都方所书店

图1-27 酒店包厢

环境艺术是各艺术门类互相渗透、融合，在人类的生存环境中找到了共同点和发展的广阔天地。它是：

实用的艺术——最大限度的满足使用者多层次的功能需求，如人们的工作、交通、休憩、交往、共享、参与、安全等社会心理需求。

感受的艺术——人对外部环境的认识是由感觉、知觉开始的，环境艺术充分调动各种艺术和技术手段，通过多种渠道传递信息，形成多媒体的“感官冲击波”以创造一定的环境氛围和主题。

整体的艺术——环境艺术将室内、室外空间的诸多因素如城市、公园、广场、街道、建筑物、壁画、雕塑、广告、灯具、标志、小品、公共娱乐与休闲设施有机地组合成一个多层次的整体。整体的艺术包含关系艺术与系统艺术的含义。

时限的艺术——一个成熟环境的形成需要长时间、需要设计者接力式、连续不断的创造活动。设计者要向前看，不能割断历史文脉，保持每一个具体事物与整体环境在时间和空间上的连续性。总之，环境艺术是欣赏的艺术和实用的艺术派生出来的一种艺术形式。是文化的一种尝试，是环境中的高层次文化。

1.4 高校环境设计专业方向

1.4.1 室内设计方向

室内设计就是为特定的室内环境提供的，富有创造性的解决方案，它包括概念设计，运用美学和技术上的方法以达到预期的效果。“特定的室内环境”是指一个特殊的，有特定目的和用途的成形空间。要满足人们物质和精神生活需要。

有一个很形象的比喻，把一间房屋倒过来，掉下来的东西（电器除外），都可以称为软装。虽“轻装修，重装饰”已深入人心。但“重装饰”的理念却是近几年才被人们所认可，其实早在明清时期就已经很注重家具陈设、配饰，只是没有形成理念而已。

中国人的起居习惯有两种，一种叫席地坐，一种垂足坐，所谓垂足坐，就是坐在椅子上，腿是垂着的状态。我们是席地而坐的民族，经过二千年的发展以及气候的变化形成的今天的起居方式。随着生活习惯的改变，周围的环境也随着改变，家具出现了桌、椅、几、床等，从古留下来的实物以及有史载的历史文物，我们从中可以看出其材料考究、做工精良、产品分工之细。例如：桌子就有长桌、方桌、书桌、炕桌；案又细分为供案、画案、书案；椅又可分为太师椅、官帽椅、圈椅、交椅、玫瑰椅；就连几都有香几、花几、茶几等。另外摆件陶瓷在明清时期的工艺也达到了相当的高度。由此看出，在明清时期人们对家居摆设的重视，更是体现身份的一种方式，当时虽然没有“重装饰”的理念，但经历史长河的大浪淘沙，所有保存下来的文物都是瑰宝，更是中式风格软装元素的鼻祖。“没有中国元素，就没有贵气”这是在西方设计界流传着的一个观点，中式风格的魅力可见一斑。

进入近代“文革”时，大量文物遭到破坏，那时所有的人都把家里价值连城的古董扔掉，叫“破四旧”。同时把本来就不多的家装设计思想也摒弃了。直到 90 年代后家装设计才开始复苏，最早的设计主要是重装修，古时的雕梁画栋、屋内结构等，当今装修突出表现在材料的运用上，经历了榉木时段、枫木时段、黑胡桃时段，金属时段到现在的百花齐放。装修风格也从简单到多元，从多元到混搭，从传统到现代，再到古今文化对话。

新世纪后“软装饰”潮流的崛起，主要原因有以下几方面，一方面装修材料的变化犹如流行时装的瞬息万变，另一方面花钱多，不易更改装修风格，第三方面生活水平的提高、品位意识的提升，第四方面老房新装可通过软装设计改变其风格面貌，也就是说“软装”更为灵活一些，第五方面“80 后”唱装修主角。据一组数据说近两年结婚年轻人多，“80 后”新居装修所占到所有装修的 50% - 60%。这个异军突起的群体的共同点是积蓄少，面对买房、装修的双重压力，面对重重压力，“80 后”有了自己的妙招，那就是装修上尽量的节省资金，再把省下来的钱投入到后期配饰上，这样既可以省出一部分钱，又可以装出漂亮、温馨的小屋，何乐而不为呢?

上面的方法不失为一个好办法，但好的设计不是花多少钱做出来的，讲的是“性价比”——即花同样的钱做出的效果好又舒适的家。所以资金上不是起决定性的作用，关键是品味的提升，那么一个空白的空间，利用空间格局摆放，物件的品质等等，都可以达到意想不到的效果。

现在生活习惯的改变，装修风格的多样化，审美标准的提高，生活品位的提升，都注定“重装饰”成为装修中的新主角。但重装修也好重装饰也罢，一个好的居住环境，需要多方面元素的完美结合才能打造出上佳的居住环境。

室内设计，即对建筑内部空间进行的设计。具体地说，是根据对象空间的实际情形与使用性质，运用物质技术手法和艺术处理手法，创造出功能合理，美观舒适，符合使用者生理与心理要求的室内空间环境的设计。

室内设计是从建筑设计脱离出来的设计。室内设计创作始终受到建筑的制约，是“笼子”里的自由。因而，在建筑设计阶段，室内设计师就与建筑设计师进行合作，将有利于室内设计师创造出更理想的室内使用空间。

室内设计不等同于室内装饰。室内设计是总体概念。室内装饰只是其中的一个方面，它仅是指对空间围护表面进行的装点修饰。室内设计包含设计四个主要内容：一是空间设计，即对建筑提供的室内空间进行组织调整，形成所需的空间结构。二是装修设计，即对空间围护实体的界面，如墙面，地面，天花等进行设计处理。三是陈设设计，即对室内空间的陈设物品，如家具，设施，艺术品，灯具，绿化等进行设计处理。四是物理环境设计，即对室内体感气候，采暖，通风，温湿调节等方面的设计处理。（图 1-28、图 1-29）

图 1-28 上海 IAPMS

图 1-29 上海 IAPM

室内设计大体可分为住宅室内设计，集体性公共室内设计（学校，医院，办公楼，幼儿园等），开放性公共性公共室内设计（宾馆，饭店，影剧院，商场，车站等）和专门性室内设计（汽车，船舶和飞机体内设计）。类型不同，设计内容与要求也有很大的差异。（图 1-30、图 1-31）

图 1-30 上海野兽派花店

图 1-31 上海桃园眷村

室内设计理念

1. 坚持收费设计
2. 坚持设计先行，设计引导施工
3. 坚持功能设计为体，视觉设计为衣，文化设计为魂
4. 坚持独特魅力设计，量身定做
5. 坚持硬体装饰与软性装饰的和谐统一
6. 坚持经济成本合理运用
7. 坚持原创设计

1.4.2 景观设计方向

景观设计又称室外设计，室外设计泛指对所有建筑外部空间进行的环境设计，又称风景或景观设计，包括了园林设计，还包括庭院、街道、公园、广场、道路、桥梁、河边、绿地等所有生活区、工商业区、娱乐区等室外空间和一些独立性室外空间的设计。随着近年公众环境意识的增强，室外环境设计日益受到重视。

景观设计的空间不是无限延伸的自然空间，它有一定的界限。但景观设计是与自然环境联系最密切的设计。“场地识别感”是室外设计的创作原则之一，室外设计必须巧妙地结合利用环境中的自然要素与人工要素，创造出融合与自然，源于自然而又胜于自然的室外环境。（图 1-32 ~ 图 1-35 ）

相比偏重于功能性的室内空间，室外景观环境不仅为人们提供广阔的活动天地，还能创造气象万千的自然与人文景象。室内环境和室外环境是整个环境系统中的两个分支，她们是相互依托，相辅相成的互补性空间。因而室外环境的设计，还必须与相关的室内设计和建筑设计保持呼应和谐，融为一体。

室外环境不具备室内环境的稳定无干扰的条件，它更具有复杂性、多元性、综合性和多变性，自然方面与社会方面的有利因素与不利因素并存。在进行室外设计时，要注意扬长避短和因势利导，进行全面综合的分析与设计。按照室外景观环境的空间尺度，将其划分为宏观环境、中观环境和微观环境。

宏观环境：主要指国土规划与设计。对于宏观环境，艺术设计师应于环境学家及其他专家一起，承担土地环境生态与资源评估和规划设计的基本工作。对规划地域自然、文化、社会进行调查分析，包括地质地貌、水文、气候、各类动植物资源、风景旅游资源、社会人文历史、可行性分析、场地选择、环境评估、区域规划、土地使用，其工作的结果包括：地图、报告和其他文件。（图 1-36、图 1-37）

图 1-32 景观平面图 1

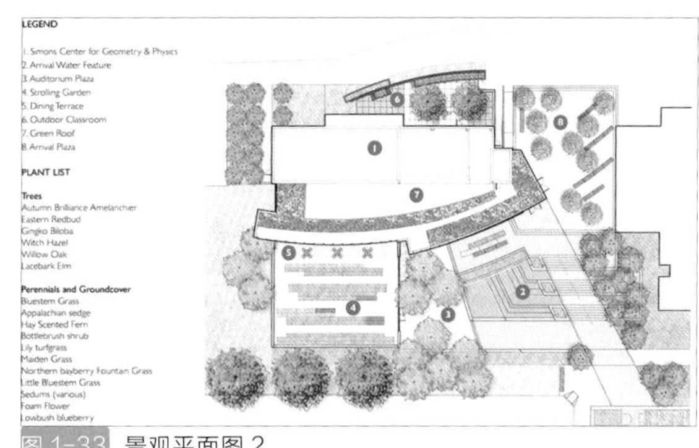

图 1-33 景观平面图 2

图 1-34 温州高校园

图 1-35 贝林高尔赤岗桥西

中观环境：主要指各种场地规划和设计，城市空间环境设计。

1. 新城建设、城市开发与居住区开发

2. 滨水区、休闲地与旅游游憩地

3. 街道与广场

微观环境：指小规模场地的详细设计。

特殊园区包括工农业园区、企事业单位园区、校园、墓园等。社会的进步促进越来越多的的企业开始拥有宽广的开发空间和休闲资源。

1.4.3 公共艺术设计方向

公共艺术设计是指在开放性的公共空间中进行的艺术创造与相应的环境设计。这类空间包括街道、公园、广场、车站、机场、公共大厅等室内公共活动场所。所以，公共艺术设计在一定程度上和室内设计与室外设计的范围重合。但是，公共艺术设计的主体是公共艺术品的创作与陈设。现代公共艺术设计，正式兴起于西方国家让美术作品走出美术馆，走向大众的运动。

一个城市的公共艺术，是这个城市的形象标志，是市民精神的视觉呈现。它不仅能美化都市环境，还体现着城市的精神文化面貌，因而具有特殊的意义。

理想的公共艺术设计，需要艺术家与环境设计师的密切合作。艺术家长于艺术作品的创作表现，设计师长于对建筑与环境要素的把握，从而设计出能突出艺术作品特色的环境。此外，作为艺术作品接受者的公众，同时也是作品成功与否的最后评判者。因而，公共艺术的设计创作，不能忽视公众参与的重要性和必要性。

公共艺术设计指的是公共空间中的艺术创作和与之相应的环境设计，公共空间艺术是公共空间建设的核心与灵魂。它是以某种载体和形式创造的，面向非特定的社会群体和特定社区的市民大众，通过跟高渠道与大众接触，设置于公共空间中的，为社会公众开放和被其享用的合法的艺术作品或艺术活动。

公共艺术是由“公共”和“艺术”构成，艺术是中心，公共是限定即界定核心。公共艺术繁荣是社会发展、人口聚集、城市化加快的背景下产生的，现代社会人们需要沟通、交流，这是公共空间艺术形成的基础。(图 1-36~ 图 1-41)

图 1-36 上海自然博物馆

图 1-37 上海自然博物馆

图 1-38 上海自然博物馆

图 1-39 上海自然博物馆

图 1-40 上海自然博物馆

图 1-41 上海自然博物馆

公共开放空间是指城市中建筑物与建筑物之间的“空隙”构成的公共空间环境，公共开放空间的建设是城市人文景观建设和城市环境空间改观的主要内容。公共空间艺术是多种艺术功能的综合性艺术一兼具现代艺术、城市家具、场所标识、装饰艺术；公共艺术是伴随着人类社会的政治经济发展而逐步产生出来的一门新兴的艺术门类。

公共艺术这一术语来源于美术家、工艺美术师在建造的、自然的、城市的和乡村的环境中的工作及工作方式。具有易变性，积累性和渗透性，与建筑合为一体或产生新的建筑学空间或产生新的公共空间及景观美化。

以上对设计进行的类型划分，并不是绝对的、最后的划分。在社会经济和技术高速发展的今天，各种设计类型本身和与之相关的各种因素都处在不断的发展变化中。比如视觉传达设计中的展示设计，也充分利用了听觉传达，触觉传达，甚至嗅觉传达和味觉传达的设计；建筑物中非封闭性的围合，出现了长廊，屋顶花园，活动屋顶的大厅等难以区分室内还是室外的空间 ...... 此外，许多设计概念的内涵和外延都还模糊不清，在设计界和理论界，都还没有给予最后确切的定义和界定。比如：有的专家主张把“工业设计”单列出来，作为与三大领域并列的第四大领域；有的专家认为 CJ 设计可以作为一个新的完全独立的设计领域；有的认为园林设计应该自成一体而不属于室外设计 ...... 诸如此类的问题不在少数。这些问题的出现，对于设计学这门新兴的，正在发展中的综合性学科来说，是难以避免的，也是必然要经过的过程。随着设计实践的发展和学科研究的深入，相信这些问题最终会得到进一步的解决。

公共艺术的分类

根据公共艺术的基本品类可以将其分类为：广场雕塑、街心雕塑、街区雕塑、道路雕塑、步行道雕塑、公共建筑雕塑、园林雕塑、水景雕塑、地景艺术、喷泉雕塑、雕塑公园等。(图 1-42、图 1-43)

图 1-42 街头雕塑

图 1-43 公园雕塑

根据公共艺术的表现内容可以将其分类为：纪念性、象征性、标志性、陈列性、装饰性、趣味性、商业性、寓言性等。

根据公共艺术的表现形式和手法可以将其分为：形式上有立体、浮雕、平面装饰、复合形式等；艺术手法又分为具象性、抽象性、直观性、含蓄性等。

根据公共艺术的展示空间和方式可以将其分为：开敞空间和在室内空间展示的公共艺术作品。

根据空间环境与作品的互动关系可以将其分类为：装饰点缀型；反映当地文化特征和民俗风情为目的的；依附环境和建筑物而存在的。

1.4.4 环境设计的专业思维

1. 环境思维的图形思维模式

（1）对比优化的思维过程

对比是优选的前提，选择是对客观环境进行对比、提炼、优化，合理的选择是科学决策的基础。选择的失误往往会导致失败。

就环艺而言，选择的思维过程体现于多元图形的对比、优选。在艺术设计领域，对比优选的思维主要依靠可视形象的作用。

在概念决策阶段、设计阶段、施工阶段，都要运用到对比优化的思维过程。

（2）设计表现图中的整合思维

表现图中不仅要严谨地把握各项目计划的特点要点，还要把握住各项目计划方向的关系和所构成的完整性和统一性结构。

设计表现图中的整合思维方法是建立在严密的理性思维和富有联想的形象思维上的。它要求从每一个局部入手作图时，始终要顾及各局部间的关系和这些关系所产生的相作用。

（3）图形分析的思维方式

它是借助于各种工具绘制不同类型的形象图形并对其进行设计分析的思维过程。在概念设计阶段的构思草图包括空间形象的透视立面图、功能分析图等都离不开图形分析的思维方式。

设计者要习惯于用笔将自己一闪即逝的想法落实于纸面。

2. 环境思维图形思维的方法

即使在计算机绘图技术高度发展的今天，能够迅速、直接反映自己思维的徒手画永远无法被计算机所取代。

（1）从视觉思考到图形思考

环艺图形思维的方法实际上是一个从视觉思考到图解思考的过程。

视觉思考的方法在于“观看——想想——作图”。当思考以速写想象的形式外部化成为图形时，视觉思维就转化为图形思维。

（2）图解语言的应用

将自己一定的图解语言运用于自己的设计过程中，是每一个设计者走向理性与科学设计的必经之路。在环艺设计领域通常使用三种图形思维分析法。

1.5 环境设计发展趋势

环境设计是一种“以人为本”的设计，因此，首先考虑满足人在物质层面上对于实用和舒适程度的要求。所有附属于建筑的设施必须具备相应的齐全的使用功能，环境的布局要考虑人的方便与安全，只有这样的设计才是有价值、有实际意义的。根据人的行为习惯、人体的生理结构、人的心理情况、人的思维方式等等，在原有基本功能和性能的基础上，对建筑和展品进行优化，使观众参观起来非常方便、舒适。是在设计中对人的心理生理需求和精神追求的尊重和满足，是设计中的人文关怀，是对人性的尊重。

现代住宅环境设计的目的除了营造一个舒适与方便的居住环境之外，必须在环境中体现美的旋律与丰富的文化内涵。环境设计本身就是一门艺术，是一门把握意境创造的艺术。随着社会的进步人们物质生活水平的提高，人们对于环境的审美要求的迫切性与多样性将具备越来越重要的作用与意义。

利用高科技的先进产品、技术和工艺是室外环境设计的必然趋势：在现代化的室外环境设计中，高科技的含量已越来越高。在现代化住宅中，室外环境应考虑设置以下的新科技产品：智能化的管理与生活服务设施、安全监测与报警系统、现代通风装置、新材料的运用。

环境设计中应特别注意生态保护工作：生态保护的实施，一方面在遏止有毒有害物质的使用，另一方面也体现在保护自然资源的工作中，环境设计中利用绿色植物来美化环境，而其本身就是一种自然资源，住宅周围绿地种植正是扩展了自然资源的范围。在居住区绿化中还应注意尽量保护原有古珍树木，并尽量选择一些优良的植栽品种。

利用技术经济分析方法来规划居住区环境设计的合理性：与所有的工程技术设计工作一样，居住区住宅环境设计也应该利用技术经济分析方法，在技术含量高、质量优与人格合理等因素之间找出一个最佳点，只有这样，才能确定一个较为合理与经济的设计方案。（图 1-46）

图 1-44 大连华府效果图

1.5.1 绿色设计

绿色设计（Green Design，GD），通常包括生态设计（Ecological Design，ED）、环境设计（Design For Environment）和生命周期设计（Life Cycle Design）或环境意识设计（Environmental Conscious Design，ECD）等，是指在产品的整个生命周期内，着重考虑其环境属性（可拆卸性、可回收性、可维护性、可重复利用性等），并将其作为设计目标，在满足环境目标要求的同时，保证产品应有的功能、使用寿命、质量等。这是一种全新的设计思想，即在产品或材料设计中，在考虑成本、功能（或性能）、质量、外观等传统使用性能指标的同时，充分考虑产品或材料的环境性能，达到经济、环境和社会效益的和谐统一。生态设计要求在产品开发的所有阶段均考虑环境因素，从产品的整个生命周期减少对环境的影响，最终引导产生一个更具有可持续性的生产和消费系统。

资源、环境、人口是当今人类社会面临的三大主要问题，特别是环境问题，正对人类社会生存与发展造成严重的威胁。环境问题绝非是孤立存在的，它和资源、人口两大问题有着根本性的内在联系，特别是资源问题，它不仅涉及人类世界有限资源的合理利用，而且它又是环境问题的主要根源。绿色设计活动主要包含两方面的含义，一是从保护环境角度考虑，减少资源消耗、实现可持续发展战略；二是从商业角度考虑，降低成本、减少潜在的责任风险，以提高竞争能力。

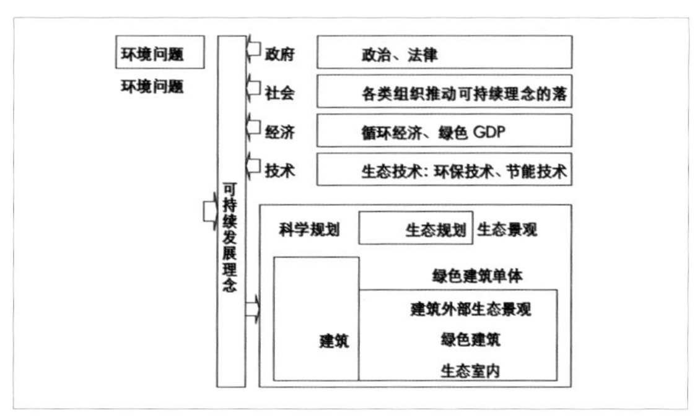

生态设计的历程：

绿色设计在现代化的今天，不仅仅是一句时髦的口号，而是切切实实关系到每一个人的切身利益的事。这对子孙后代，对整个人类社会的贡献和影响都将是不可估量的。如果说 19 世纪末的设计师们是以对传统风格的扬弃和对新世纪的渴望与激情，用充满思辨生命活力的新艺术风格来迎接 20 世纪，那么 20 世纪末的设计师们则更多地以冷静、理性的思辨来反省一个世纪以来工业设计的历史进程，展望新世纪的发展方向，而不只是追求形式上的创新。（图 1-47）

图 1-45 新加坡垂直绿化

1. 绿色材料和新技术的运用

绿色材料是指在满足一般功能要求的前提下，具有良好的环境兼容性的材料。绿色材料在制备、使用以及用后处置等生命周期的各阶段，具有最大的资源利用率和最小的环境影响。

优先选用可再生材料及回收材料，并且尽量选用低能耗、少污染的材料，环境兼容性好也是绿色材料需要注意的地方，有毒、有害和有辐射性的材料必须避免，所用材料应易于再利用、回收、再制造或易于降解。节能降耗的设计，减少能源需求，可以通过减少实际应用能源消耗和减少待机能源消耗来实现。设计师需要合理的设计产品结构、功能工艺或利用新技术、新理论，使产品在使用过程中消耗能量最少、能量损失最少。

2. 新风系统

现今，由于人们对于室内环境舒适度与健康性的要求越来越高，随着科学技术的发展，在室内设计中采用一切现代科技手段，使设计达到最佳声光、色形的匹配效果，实现高速度、高效率、高功能，创造出理想的值得人们赞叹的空间环境来。室内不仅需要适宜的温度和湿度，还必须有新鲜的空气，所以新风系统的设计也越来越多地被人们关注。新风系统是由送风系统和排风系统组成的一套独立空气处理系统，它分为管道式新风系统和无管道新风系统两种。管道式新风系统由新风机和管道配件组成，通过新风机净化室外空气导入室内，通过管道将室内空气排出；无管道新风系统由新风机组成，同样由新风机净化室外空气导入室内。相对来说管道式新风系统由于工程量大更适合工业或者大面积办公区使用，而无管道新风系统因为安装方便，更适合家庭使用 在一般的舒适性空调设计时，新风系统的设计最主要是满足人员的卫生要求和舒适性要求。新风系统的设计主要包括以下几个方面：

1. 新风设备的形式和容量确定；

2. 风管系统的设计以及阻力校核；

为了确保室内的氧气量可以保证人们的正常呼吸，新风量可按照房间里每个人所需的必要空气量进行设计。

3. 节约型设计

在环境设计中，节约材料和控制成本，在有限的物质条件下，把各设计元素做到位，做好这不是什么过去计划经济时代的思想，而是真正的市场经济思路，也符合环保节约型社会的要求。从经营的角度出发，作为设计师也要有“老板思路”，切身从项目本身考虑，什么样的设计才是“适时适房”的，什么样的设计才是口碑和利润两者兼得的。成本控制意识是企业文化的一部分，也是企业可持续发展之道。

将“绿色”作为建造材料的一大特征，“绿色”势必要贯穿整个设计过程或者成为设计的基础。图上的这个可持续小区在设计上具有完美主义色彩，每一层、每一个方位甚至每一个维度都包裹着“绿色”外衣，可谓将可持续性进行到底。最终呈现在我们面前的将是一个永无止境的莫比乌斯带，小区内所有建筑完美地交织在一起。（图 1-46、图 1-47）

图 1-46 上海 K11 室内有机农场（1）

图 1-47 上海 K11 室内有机农场 (2)

1.5.2 无障碍设计

目前全世界残疾人总数已达到 6 亿，占世界人口的 10%；随着全球老龄化，其中 60 岁以上的老人已超过 7 亿，到 2050 年，世界人口将达到 95 亿，老人的数量会从 11.6% 涨至 25%。

中国是残疾人和老年人最多的国家，残疾人总数 6000 多万，老人 1.3 亿，超过总人口的 10%；2025 年，老年人将达到 3 亿，残疾人将达到 1 亿。

无障碍设计是当代文明城市建设和人类进化的标志，“对人的关怀”是其最基本的原则。我国的无障碍环境建设是从无障碍设计规范的提出与制定开始的，无障碍设施建设与发达国家和地区比较还存在较大的差距。

作为规划师、建筑师及城市建设的管理者，我们应当把占城市居民相当部分的障碍者的需求真正纳入到“以人为本”的设计理念中。

无障碍：不仅仅是城市道路及建筑商的盲道和坡道，也不仅仅是媒体上的字幕和授予，更重要的含义是平等参与社会的机会。当前无障碍建设已成为国际社会环境建设的“主流”，并以此来衡量一幢建筑、一座城市乃至一个国家现代化水平的程度，因此无障碍建设是社会文明进步的标志，是环境建设现代化必不可少的物质条件。(图 1-50)

图 1-48 无障碍设施

当今社会，全球化的脚步已经越迈越大。在全球范围内的国际大分工，已经使各国的经济息息相关；互联网及信息技术的日新月异，使信息的交流互通毫无障碍。而设计方面，早在大半个世纪前，现代主义以它强大的理性根基，在全世界各个角落生根发芽。无论现代主义功过是非，它所造成的影响是前所未有的。全球化策略已经成为每个战略家思考的基本出发点，也是设计师把握设计思潮的重要因素。

环境设计的空间构成

中国空间概念

《山海经》的地理分区与《禹贡》略有不同，在最具地理学色彩的《五藏山经》部分，将其划分为南、西、北、东、中五个部分。五区的划分，是基于中央再加上四方的构想。这是一种古老的以方位划分区域的观念。古人将东、南、西、北四方称为“四正”，而将东南、西南、东北、西北称为“四隅”，五方加上“四隅”，适成九区。所以我们不妨将“九分”看作是“五分”进一步发展的结果。

2.1 空间

2.1.1 空间的基本概念

“空间”（Space）的概念，在现代汉语中，通常是指“物质存在的一种客观形式，由长度、宽度、高度表现出来，是物质存在的广延性和延伸性的表现。”

这里所指的“空间”及“空间设计”，隶属建筑学范畴。自从意大利著名建筑理论家布鲁诺·塞维（Bruno Zevi）在他的名著《建筑空间论》中强调了“空间——空的部分——应当是建筑的‘主角’”后，一般认为，建筑的目的就是创造供人们从事各种活动的人为的空间。可见，空间在建筑中的重要地位。

环境设计所指的空间是人类有序生活组织所需要的物质产物，是人类劳动产物，有的书上称之为“建成环境空间”。

受到哲学和美学的影响，“空间”一词作为相对独立而又具有明确含义的专业术语，于 19 世纪末在德国建筑领域被提出。20 世纪中叶，人和空间之间的关系问题成为核心的专业设计主题开始受到广泛的关注，并被提到了极为重要的位置。设计者们开始从文化与审美的角度研究居住与生存空间，将空间与艺术作为一个整体系统进行综合考虑和设计。（图 2-1、图 2-2）

图 2-1 英国伦敦

图 2-2 苏州

空间是一个三维的概念，至少在被感知的过程中在人的头脑里会产生这样立体印象。空间也并不一定是有墙的屋子，这是片面的。在这样的概念下，也就没有什么空间设计可谈了。事实上，空间是通过特定的参照物，勾勒、划分、限定出一定的区域，在人的心理上产生一定的“场”或“域”的感受，并成为我们可以感知的空间。

2.1.2 对空间的感知

人们对空间的感知和认识，最主要是依赖我们各个感官中的视觉，空间产生必备的要素有形体、光线、色彩、质感等等。而这些都是我们能够看到的。正是通过我们的观看，空间才能够通过其各个要素在我们的头脑中形成空间的印象，并让我们获得不同的空间体验。

在具体对空间的感知中，我们也逐渐地意识到了一些空间和深度的视觉现象及规律。这些现象与规律的理论，让我们在对空间的设计过程中，有了更多的依据和设计手法。其中西方的格式塔心理学对视觉认知的成果是最为人们所认可的一种相关理论，对于空间设计和空间感知的研究有着很好的指导意义。

1. 图形与背景

背景具有模糊绵延的后退感；图形通常是由轮廓界限分

割、勾勒而成，给人以清晰、紧凑的闭合感；

在群体的组合中，距离近、密度高的图形往往易于成为主体；

小图形比大图形更容易成为主体，内部封闭的比外部敞开的容易成为主体形；

对称形或成对的平行线容易成为主体形，并能给人以均衡的稳定感。

2. 参照框架

垂直与水平、直角

3. 深度感知

投影在视网膜上的图像，首先给了我们关于所视物体的上下、左右的二维形象信息。我们再通过此图像获得具有立体感的三维空间的立体知觉。

4. 其他感官的感受

在对空间的感知时，虽然我们的各个感官中世界接受的信息占了绝大部分，但是听觉、嗅觉、触觉等，也都会或多或少地影响我们对空间的印象。

空间认知时的不确定性

相同的空间，在不同的情况下会呈现出不同的面貌。于是，空间的存在及实际状态与我们真实的感受往往并不完全一致。

视错觉

视错觉问题依然属于人们对物象的认知，但是已经不再是一种常规的认知范畴了，而是一种人们在认知过程中出现的特殊情况，是我们在对外界空间事物进行判断时出现的自己不知道的错误。

2.2 空间的类型

空间可以分为室内空间、室外空间和灰空间。室内空间是在室内的空间范围内，就是指室内的物质、人的运动、家具、器具、环境物态等存在的客观形式，由室内界面，包括墙、柱、顶棚以及地的长度、高度、宽度将室内空间在地表大气中划分，限定出来的范围与区域。由此可见，有无顶盖是区别内、外部空间的主要标志。具备顶盖、墙面的房间是典型的室内空间，不具备这些可被视为开敞、半开敞等不同层次的室内空间。（图 2-3、图 2-4）

图 2-3 苏州步行街

图 2-4 马来西亚教堂

所以我们将空间划分为室内空间，全部建筑物本身所形成；

室外空间，即城市空间，由建筑物和其他周围的东西所构成。

现在所谓的“灰空间”的概念，最早是由日本建筑师黑川纪章提出来的。他认为：“作为室内与室外之间的一个插入空间，介于内与外的第三域——其特点是既不割裂内外，又不独立于内外，而是内与外的一个媒介结合区域。”实际上，这种多层次空间在中国传统建筑中表现得尤为突出，例如“檐下空间”、“廊下空间”、“亭下空间”等，其实就是灰空间。 黑白灰空间 ，“灰空间”一方面指色彩，另一方面指介乎于室内外的过渡空间。对于前者他提倡适用日本茶道创始人千利休阐述的“利休灰”思想，以红、蓝、黄、绿、白混合出不同倾向的灰色装饰建筑；对于后者他大量利用庭院、走廊等过渡空间，并将其放在重要的位置上。而就我们一般人的理解，就是那种半室内、半室外、半封闭、半开敞、半私密、半公共的中介空间。这种特质空间一定程度上抹去了建筑内外部的界限，使两者成为一个有机的

整体，空间的连贯消除了内外空间的隔阂，给人一种自然有机的整体的感觉。（图 2-5）

图 2-5 丽江铂尔曼度假酒店

现在越来越多的设计中运用了“灰空间”的手法，形式多以开放和半开放为主。使用恰当的灰空间能带给人们以愉悦的心理感受，使人们在从“绝对空间”进入到“灰空间”时可以感受到空间的转变，享受在“绝对空间”中感受不到的心灵与空间的对话。而实现这种对话的方式，大体有以下几种。

1. 用“灰空间”来增加空间的层次，协调不同功能的建筑单体，使其完美统一。

2. 用“灰空间”界定、改变空间的比例。

3. 用“灰空间”弥补建筑户型设计的不足，丰富室内空间。

与常人关系最密切的“灰空间”恐怕要数住宅的玄关了，它与客厅等其他空间的界定有时很模糊，但就是这种空间上的模糊，既界定了空间、缓冲了视线，同时在室内装修上又成了各个户型设计上的亮点，为家居环境的布置，起到了画龙点睛的作用。（图 2-6）

图 2-6 玄关

其实，在实际生活中，“灰空间”不光在空间上有它的位置，在颜色等其他方面也有一席之地，这正好暗合了黑川纪章的话。心理卫生专家认为，随着窗外季节的不同变化改变室内的环境空间，可以有效地缓解心理压力，调节心理状态，有益于身心健康。因此，正确的利用“灰空间”，可以更加丰富我们的生活。

2.3 空间界面

一个较为单纯、标准的空间通常会具有一个基面（底面、顶面）、一个顶面和是个垂直界面（立面、墙面）。以上 6 个界面的围合，产生了一个闭合立方体，并为我们勾勒出一个十分容易辨认的空间。这就构成了最为简单的空间，也是我们最常接触到的室内房间的形式。（图 2-7）

图 2-7 中国丝绸博物馆

图 2-8 苏州科技馆

底面、垂直界面和顶面是形成空间的三个最基本要素。

然而我们说接触到的空间却并非都是这样的标准立方体空间，若干界面要素并不需要同时出现可以成功的营造空间。这些不同的空间构成形式，它们有大有小、有圆有方、有高有低、有分有合、有的开敞有的闭合，形式五花八门、光怪陆离，适应着我们对空间的不同的使用功能和视觉效果的需要，同时也给我们带来了完全不同的心理感受。

室内空间：它是由“地面”、“墙壁”、“天花板”等建筑要素围合、限定而成，从实体与空间的关系来看，这三种基本要素可看成是限定建筑空间的“实体”部分，而由这些实体的“内壁”围合而成的“虚空”部分，即建筑的室内空间。（图 2-8 图 2-9）

室外空间：内部空间是由地面、墙壁、天花板三要素限定的，而外部空间则是由地面、墙壁这两个要素限定的。从实体与空间的关系来看，建筑实体的“外壁”与周边环境共同组合而成的“虚空”部分，即建筑的室外空间。（图 2-10、图 2-11）

图 2-9 成都商城

图 2-10 中国美术学院 象山校区（1）

图 2-11 中国美术学院 象山校区（2）

2.3.1 基面

基面也就是我们常说的地面，它往往是我们空间形成的最基本和最恒定的组成部分，基面的面积也决定了空间的大小和形式。绝大多数情况下，基面是不可缺少、不可变动、保持水平的。没有了基面的空间，就会失去立足之处而失去存在的意义。

但是基面又不仅仅是简单的底面，在空间形态中基面可以出现抬高、下沉、倾斜、曲面等多种形态上的变化。另有一些空间以水体、镜面、玻璃作为基面的主体，打破了我们通常对于基面的认识，而产生了空灵、飘忽、奇幻的不同心理感受。

基面具有的独立限定功能

1. 基面异质

基面异质是我们可以认识到的最为简单朴实的一种空间限定方式。通过材料或色彩上的差别，产生了十分重要的界限。如同野餐时，我们在草地上铺下一块毯子时，便无意识的从自然环境中隔离出了一个属于自己的“私有空间”，创造出了一个由基面与周边场地的局部差异而限定出的空间。不仅如此，我们对这个野餐空间所处环境和地点的选择，也不是随意的行为，反映出了一些初步的空间营造观念和原则。比如这个场地应该具备向阳、干燥、避风、视野良好、适当的私密性等等。这些要素都很自然的成为我们选址的依据，而这个空间也具有了初步的空间设计意义。

基面异质的形式虽然朴素，但也是最有效，最常用的空间界定方式之一。在广场、园林、室内大厅等公共空间的划分中，由于异质的方式对场所的影响最小，所以，也是最能够满足公共空间既要有所限定，又不影响公共空间的整体统一要求的方式。

2. 抬高与下沉

对基面的抬高或下沉处理，往往也是出于划分和限定的目的，有台阶和坡道两种。即使有时基面高差的产生是因为地势的倾斜而不能平整大面积土地，那么我们也会尽量保持单一功能场地（空间）的完整性，而将台阶或坡道放在空间边缘或过渡的地方。这也说明，台阶和坡道等底面的变化，实际上的作用是打破了空间的完整性，起到了划分的作用。

相对于一般的分割或基面异质的划分而言，基面的高低变化可以将自身空间与周围环境空间在保持相对连续性和一致性的基础上拉开空间距离，建立起一种含蓄的独立性，达到一种分合统一的状态。

处于基面抬高的空间时，会给人眺望感或优越感；处于下沉的空间，造成了一种私密与合围感。（图 2-12、图 2-13）

图 2-12 北港故事纪念地（1）

图 2-13 北港故事纪念地（2）

抬高和降低的空间需要有台阶、坡道与周围的空间相连通，这会给行走和穿越造成或多或少的障碍，所以，基面的抬高或下沉处理应该有较为慎重的考虑和足够的理由，并得到其他相关设计的配套支持。

2.3.2 顶面

顶面就是空间的上部界面。在空间形式的研究中，顶部的形式、结构、状态特别的丰富多样，并产生出各种变化，甚至可以作为不同形式的建筑鉴别依据来看待。不同国家、文化、民族的空间顶部造型处理也体现了巨大的地域差异和不同的审美取向，其中常见的有坡屋顶、穹顶、圆形及多边形的尖塔顶等等。虽然顶部受结构和功能的限制较大，但是其形式上长期形成的功能性美感，已经逐步地固定为特有的顶部结构特征，成为一种不可替代的空间装饰。

顶部形制

我们可以大致将顶部归类为平顶、坡顶、曲面和不规则这 4 个主要类别。

古典建筑与现代建筑的重要区别之一是在屋顶上，现代建筑（现代主义建筑）原来追求立面上不可见的平屋顶，消灭可见的屋顶。很长时间之后才又渴望“重建屋顶”对墙与屋顶关系的实验持续了 20 年以上。

有人认为，这种努力应该说最早见于日本，因为日本建筑师很早就开始觉得西方的平面屋顶加墙面的建筑形象割断了他们与传统的联系，于是便有了对各种新形式的尝试和实践，他们对建筑形象所起的作用无疑包含了不少的装饰作用。

建筑上的可见屋顶最普遍的还是多种多样的坡屋顶。坡屋顶的坡度有大有小，差别显著，对建筑形象塑造说起的作用自然也就大不相同。为了防止承载过大，北方多雪地区的屋顶都很陡峭。而赖特草原住宅的屋顶中的说来相对平缓，在水平方向得以充分舒展，体现出飘逸舒展，无拘无束的美感。与平顶相比，坡屋顶具有的不仅仅是外观的变化，更为其内部空间增加了强烈的结构装饰效果，赋予了平顶造型无法实现的空间魅力。

坡屋顶的形式在中国传统木结构建筑中发展得尤为成熟，出现了硬山式、悬山式、歇山式等众多的屋顶形式，在此基础上还有更多重檐或特殊形制的变化而产生的屋顶。

曲面屋顶：包括了拱形、穹顶、球顶。在西方宗教建筑和传统的石材建筑中，圆形、各类穹顶结构的顶部被大量的运用。这些顶部造型极大地改变了原始石材结构空间的生硬面貌，生动而充满了创造力。多个穹顶结构连续产生的大厅，是宗教建筑常用的形式。（图 2-14、图 2-15）

图 2-14 英国教堂局部

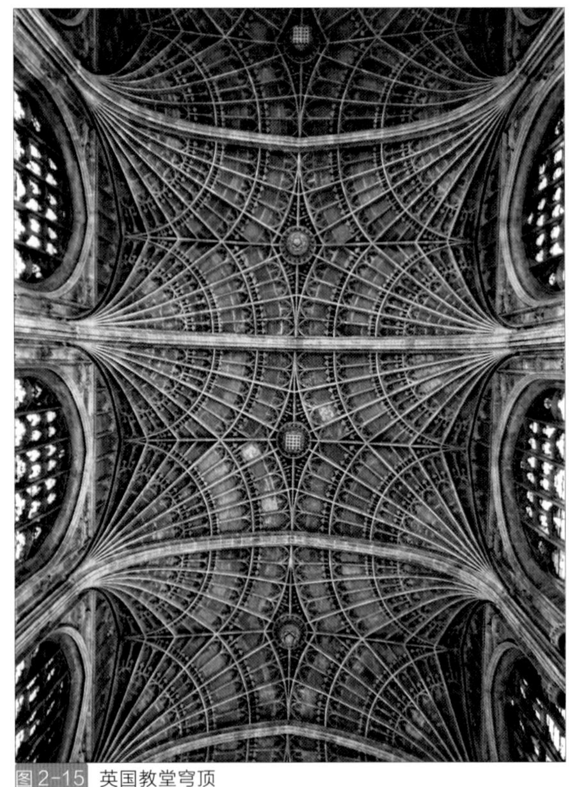

图 2-15 英国教堂穹顶

不规则的顶部：我们又可以称其为自由形顶部，是由于现代建筑材料和工艺的突破而产生的。并在近些年被大量的使用，各种奇思妙想就都开始集中于对顶部的创新之上。不规则的顶部造型，彻底的打破了一般意义上的空间概念，结构上或是飞扬灵动或是起伏蜿蜒，实现着设计师和人们无限的空间遐想。

由此可见顶部内容之丰富，远非其他界面可比，对于空间的影响自然也是相当重大的。

顶面的高度问题

顶面与基面的绝对距离，以及高度与基面面积的相对比例大小是决定空间高度感受的两个方面。而空间的高度，是影响空间整体感受的重要因素。对于单个空间来说，高度越高，空间的体积就越大，势态也越挺拔直立，当然，空间的利用率也越低。而相对矮而广阔的空间，会给人稳定、实在的感觉。

顶面的限定功能

单独的一个顶面就能够遮蔽一个区域，并在其覆盖的范围下产生一个相对独立的空间。前面说到基面就是地面，正常情况下地面是永远存在的。所以，有了顶面的空间，必然有基面与之相呼应，而产生出比基面的单独限定更加明确的空间形式。而在功能上，顶面的遮蔽功能在遮阳、遮雨等方面都使得这个空间更加适合较长时间的停留，如站台、长廊。

2.3.3 垂直界面

垂直界面是指空间四周起到遮挡和阻隔作用的墙壁。起垂直界面的作用的不一定是墙壁，也可以是各种形式的隔断、栅栏等等，或者是阵列的柱子排列形成的界面效果。

空间四周的围合程度越高，形成的“间”的概念也就越强。在基面面积和空间大小不变时，垂直界面的闭合程度对空间的开敞与封闭的影响是十分巨大的，也决定了被限定空间与周围环境的关系。一个被限定空间与其周围的空间产生关系的多少，直接或很大程度的影响着这个被限定空间自身的属性。

有学者明确指出，就建筑而言，空间的本质是围合。这一观点极有价值的表明，空间作为一种存在其根本属性与形体有极大的关系，由于围合总是经由形体而达成的，我们甚至可以说空间的根本属性就来源于体现着认为围合过程的形体。

通过这样的分析，可以基本归纳出一些关于单纯空间处理的信息，为我们在适宜的场合选择适宜的形式积累一些原始的资料。我们有时会辩驳，围合或是分割对空间限定是否是唯一和最佳的定义方式？但是，无可非议的是，形式上的分割和围合是最为常见和稳妥的一种方式。

地面 + 顶面

仅仅通过地面和顶面进行空间限定的情况多出现在室外。这是一种空间闭合比较弱的形式，没有墙壁的遮挡，也没有门窗，仅仅根据基面和顶面的形状勾勒出一个较为开敞的区域。

亭子就是这类空间的一个典型代表。我们经常见到的有在交通要道上建的“路亭”（或桥亭），有筑在水井之上的“井亭”，有专供立碑用的“碑亭”，还有“钟亭”、“鼓亭”等等。当然，其中最多的还是在各种园林中的各式亭子。小巧精致的造型，开敞的形式常被作为与自然景观和周边环境结合最为紧密的建筑形式出现。于是亭在各类建筑形式中更具有深山野壑的意趣。所以，但谈到亭时，往往将其与品茶、下棋、闲谈、吟诗等活动相联系。此外，亭在场所中有宁静悠闲的含义，明代著名的造园家记成在其《园治·亭》中写道:“亭者，停也，所以休憩游行也。”于是在人们的心理上往往产生“游玩”和“休憩”的双重作用，兼具有宁静与活泼的双重场所气氛。除了亭子，还有很多具有相同或类似特征的空间形式，如凉棚、遮阳伞等等。（图 2-16、图 2-17）

图 2-16 顺德佛山清晖园

图 2-17 顺德佛山清晖园

此类形式的特点

避风雨，开敞明亮，与周围的自然环境关系极其密切，有时甚至依赖周围环境来确立自身的存在和意义。

四周开敞，视线开阔，进出方便。

多用于公共空间的较短时间暂留，或是休憩。通常不会设置供长时间休息的很舒适的座椅。

虽然结合周围的植物造型时，也有一定的遮蔽空间，但总体上开敞，较少私密性。（图 2-18、图 2-19）

图 2-18 贝林高尔 一昆银山水

图 2-19 贝林高尔 一昆银山水 (2)

1. 地面 + 一个立面

此类结构简单明了，起到遮蔽视线、组织流线、供人观看瞻仰的目的，容易产生纪念碑式的空间感受。根据其高度、体重、结构、装饰、朝向以及与其他建筑结构的位置关系等不同，其空间影响的范围也会有较大的变化，是其他空间形式不可缺少的一种补充和装饰形式，如：照壁、牌坊、装饰墙等等。（图 2-20）

澳门圣保禄大教堂的前壁（大三巴），也是这个类型的一个例子。虽然它的形成处于偶然，但因为符合此类空间和结构的特征，而被人称为“大三巴牌坊”。正是由于它的单立面形式，使得造型比原先作为建筑的前立面时更加醒目，更加挺拔、高耸。这些正是单立面形式直接、干练、强烈的形式特征说造成的。

2. 此类形式的特点：

影响的范围和空间的大小不确定，总体上其形成的空间领域感较弱；

造型醒目，虽功能性较弱，形式感却很强。常常作为礼仪、宗教、政治的建筑装物而存在。

图 2-20 澳门大三巴

3. 地面 + 一个立面 + 顶面

此类空间围合状态并不完整，有三个里面都是开敞的，但由于顶面和基面多半会做较为清晰的界限处理，所以其空间属性还是较为独立的，如：阳台、戏台、讲台、回廊（单边廊）等。（图 2-21、图 2-22）

图 2-21 景德镇陶溪川

图 2-22 日本根津美术馆

与立面相对的开敞面是此空间的主要“对向面”，此空间必然与这个所对向的空间发生密切的联系。所向对的或是内堂庭院或是优美的风景。

4. 地面 + 两立面

地面加两个相对的立面。会形成一个两端开口的空间，是流动空间的最常见形式，如：街道、河道、峡谷、桥等。两个立面的夹持下，通常形成了狭长、连续的通道式空间，所以有很强的方向性，并对人的行动具有较强的约束力。“曲径通幽”一词便因为小径两边立面的引导性而得以呈现。（图 2-23）

图 2-23 顺德华盖街

5. 地面 + 两个成夹角的立面

此空间又可以被叫作角隅空间，是一种非正式的空间形式。一般处于建筑的转角凹缺处，庭院的转角处等等。（图 2-24）

具有较强的安全感和私密性的区域。处于这样的空间时，我们既可以向外观察到外部环境的一切情况，具有良好的视野，又可以背对两个立面的夹角，得到较为安全的依靠，不受外界的打扰。

6. 地面 + 两立面 + 顶

此种形式中西方都有较多的运用，是花园、庭院、景观空间中常见的公共空间构筑形式。它具有很好的遮蔽功能，独立僻静。同时又可以实现良好的流动性和引导功能，如廊道、供廊。

这样的空间通常兼顾了流通与休息两种功能。与地面加两个立面的空间（街道）最大的区别是可以遮风避雨，于是有了较长时间停留的可能和需求。

“廊桥”便是一种将使用功能发挥的较好的例子。桥，通常是河流两岸居民的必经之路，而廊却是可行、可坐、可休息、可交流攀谈的地方，于是廊桥便成了中国民间极具西方广场功能的重要公共空间之一了。其社会意义远远超出了它的空间视觉效果。

为了避免视觉的单调和结构的需要，通常会将此类空间做多个段落处理，梁架结构以及转折处或横梁上的装饰成为又一个特色之处。

图 2-24 庭院一角

7. 地面 + 三个立面

这是一种相对私密的室外空间。三个里面产生了较大部分的围合，至少在一定距离之外，左右两边不容易看到这个空间里面的部分。

凹缺式的形式，必然造成相对领域感。此类空间的态度明确。成了更加私密的居住空间的引导。此空间也可以作为一种过渡性和引导性较强的空间或者灰空间去理解。

虽然围合较多，但并不封闭、死板。一个里面和顶面的开敞，使得这类空间对外部环境、天气状况都能保持极强的联系性、一致性。对周边的事态也都有很好的兼顾，保持着很好的空间丰富性。

8. 地面 + 三个立面 + 顶

与基本原型相比，这个类型的空间因为缺失了一个立面而被称为方向性开敞、外向开敞。它是一种封闭程度很高的空间，往往是由于使用者和设计师需要让空间以向外的方式展现，人们能够通过这个唯一的开敞面看透到里面的内容而故意设置的，如：堂、厅等。

这样构造的最大优势在于可以将原本比较有限的室内进行大大的延伸，并从根本上改变了此空间的视觉和心理效果。敞开的一个立面，使得在此空间以外很远的距离就可以了解室内的状态，并使气势上有了很大的提高。（图 2-25）

图 2-25 云南商场

此类空间应该归类为适合聚集和交流密切的空间。它能够很好地满足公示、演讲、观演等功能。通常具有一定的顶部高度，能够产生开敞和远距离观看的可能，一般采用抬高的基面，有时即使是寥寥数级台阶，也能够烘托出开敞内部的空间气势。虽为开敞，但基面与顶部的呼应又具有恰到好处的空间独立性。并没有被周围的空间所包容或兼并，而是能够将外部的部分空间整合进的来。

室内有一些具有观看性的装饰和构建，以作为开敞面的支持。正立面采用对称的形式较多。开口处侧立面的两个立柱，以及上部的横梁处是此空间限定的边沿和空间存在的重要结构，亦是装饰处理的重点部位。同时，为了保证向外正立面的完整性，进入更为私密的内部空间的通道一般设置在两个侧立面上。

9. 地面 + 四个立面 + 顶

四面都有界面围合的就是间或室了，这是最没有悬念和争议的空间界定形式。虽然部分垂直界面上也有门窗开口，但是立面基本围合的态势没有被打破，依然作为四面围合来理解。

这类空间形式也是解决当前人类密集群居问题的一个最好方式。四个垂直界面可以有效地将此空间与彼空间完全隔离出来，而满足小空间聚集的要求。虽然很多人竭尽所能的希望打破这种居住空间中的四面密闭、横平竖直的状态。但是，由于居住空间的限制，这样的形式始终不可能被完全取代。

10. 地面 + 四个立面

此类空间最典型的体现就是我们的院落，无论是何种院落，都是封闭性最强的外部空间，四面围合的领域性极强，与界面周围的事态几乎完全地隔离。院落形式可以完全封闭，也可以半封闭；可以完全遮挡，也可以采用围栏、矮墙，使

之能与外界有一定的视觉沟通。根据具体的空间属性要求，形式上能够产生相当丰富的变化。（图 2-26）

通常，此类空间有着请勿入内的强烈态度。西方的开敞式院落很多，但即使是采用植物来作为界面，也是有着同样的效果。

图 2-26 国外庭院

2.3.4 界面开口

我们接触到最常见的界面开口，就是建筑中的门与窗。试想在研究空间时，不探讨界面开口，就如同我们的建筑空间里没有设置门与窗一样，那将是一个致命的遗漏。

“门”在空间中的作用不言而喻，它们是空间与另一空间产生沟通的地方。一旦进门之后，马上就有了进入另一空间领域的感觉，奇怪的是很多动物也本能的具有这样的反应，所以，对动物的诱捕、运输时，进门通常是最大的问题。

界面开口与空间的光照问题有直接的关系，这同后面的相关章节有研究的重叠部分。同时也有开口形状、装饰、样式、数量等独立的研究课题。

1. 门窗开口的大小

大家都知道界面开口越大，开敞的感觉就越强。一般来说当门窗开口超过该垂直界面（有时也可以是顶面）面积的 1/2 以上时，就会大大的削弱此界面的隔断作用。开口面积达到 2/3 时，会将此界面忽略，而被认为是界面的缺失或开敞处理。（图 2-27）

2. 门窗开口的形状

一般来说，设计中对门窗的开口形状并没有什么必须遵守的规则。虽然我们更能够接受的形式是矩形的门窗，但是，那仅仅是因为功能的原因而最为广泛使用的形式。根据不同的空间形制和属性，方形、梯形、圆形、椭圆形、半圆形、三角形、菱形甚至是只有形都可以作为开口的形式，各种形式的采用应该根据空间主体的形式相一致。

3. 门窗开口的位置

木结构建筑开口受限制较小，建筑的重量一般都由梁架承担，而柱子间的隔墙都没有实际的承载作用，处理上也就随意了很多，可以根据需要任意分割、开口。而砖石结构的建筑则会受到较多的结构影响。

图 2-27 日本根津美术馆

2.3.5 关于空间方向

朝向与光照、风向有着直接的关系

在古代，建筑朝向的确定，是件十分重要的事情。它不仅要考虑气候日照和环境，还涉及政治文化方面的因素。中国地处。北半球中纬度和低纬度地区，由这种自然地理环境所决定，房屋朝南可以冬季背向朝阳，夏季迎风纳凉，所以中国之房屋基本以南向为主。不仅如此，在这个地理环境中产生的中国文化因此也具有“南面”的特征。

“南面”成为构成中国整体文化的一个因素。在某种意义上甚至可以说，中国文化具有方向性和空间感，是一种“南面文化”。历代帝王的统治权术被称为“南面之术”，《易经·说卦传》：“圣人南面而听天下，向明而治。”孔子说：“雍，可使南面。”意思是说他的学生冉雍可以做大官。可见，南面就意味着官爵与权力的象征和尊严。所以，古代天子、诸侯、卿大夫及州府官员等升堂听政都是坐北朝南，因此，中国历代的都城、皇宫殿堂，州县官府衙署均是南向的，结果使建筑的朝向也拥有了文化的内涵。（图2-28、图2-29）

界面的围、透的处理也和朝向的关系十分密切。凡是对着朝向好的一面，应当争取透，而对着朝向不好的一面则应当使之围。我国传统的木结构建筑尽管可以自由灵活地处理围和透的关系，但除少数园林建筑为求得良好的景观而四面透空外，绝大多数实用空间均取三面围、一面透的形式：即将朝南的一面大面积开窗，而使东、西、北三面处理成为实墙。处理围、透关系还应当考虑到周围的环境。凡是面对着环境好的一面应当争取透，凡是对着环境不好的一面则应当使之围，把对着风景优美的一面处理得即开敞又通透，从而把大自然的景色引进室内。我国古典园林建筑中常用的借景手法，就是通过围、透关系的处理而获得的效果。凡是实的墙面，都因遮挡视线而产生阻塞感；凡是透空的部分都因视线可以穿透而吸引人的注意力。利用这一特点，通过围、透关系的处理，可以有意识地把人的注意力吸引到某个确定的方向。

图2-28 景德镇皇窑

图2-29 北京故宫

2.4 空间的分隔

平面的划分对空间的影响：

1. 平面的分割能够决定其上层建筑的结构，进而最根本的影响空间作品的总体造型；

2. 与上层建筑的使用功能有着最为直接的对应关系，对各种设计要求和功能细则的实施也通常由平面部分做最基础的规划；

3. 能够决定总体的空间属性和空间特质。决定或是直接构成了我们对空间构筑形态的寓意。

当然，平面划分的设计虽然是我们研究的起点，但并不是空间得以存在并获得“生命”的全部手段。实际上空间在形式上的变化和创新更多是由三维空间得以存在并获得“生命”的全部手段。实际上空间在形式上的变化和创新更多是由三维空间形体的转折、基面的融合变化、曲线和曲面的大胆应用等综合方式得以实现的。

2.4.1 空间的形式—几何形平面分隔

几何形是人们从自然界纷繁的图像元素中抽象出的最优美、最有效的形式。无论是古代的建筑或生活器物，在统一加工和实际使用效能的促使下，我们都在不断地追求着几何的造型，并渐渐形成了对几何形式的原始审美。

各种几何造型都可以被运用于空间的平面构成。其中，出现最多的应该是方形、圆形和三角形。方、圆和三角形是组成我们一切生存空间的基本元素，任何人造形象都可以被归纳为原初的几何形象。我们最初学习绘画时，便是以对几何体的理解和表现开始的，长期的专业训练后，我们养成了以几何体块来归纳理解事物形体的专业能力。

同时，方与圆在中国的城市空间中，有着更广博得含义。例如“天圆地方”的说法及其在建筑中的表现。明清时期在北京修建的天坛和地坛就是遵循天圆地方原则修建的。天坛是圆形，圆丘的层数、台面的直径、四周栏板，都是单数，即阳数，以象征天，天坛祭天，为阳。地坛是方形，四面台阶各八级，都是偶数，即阴数，以象征地为阴。普通百姓，常常在方形小院中修一个圆形水池，或者在两院之间修一个圆形的月亮门，这些都是天圆地方观念的具体体现。（图 2-30）

图 2-30 北京天坛

矩形分隔

矩形是一种横平竖直的方式，它是人们最常用的空间限定和分割方式。矩形是优美的，人们对黄金矩形的好感已经持续了数百年。这种宽与长的比是（$\sqrt{5}-1$）/2（约为 0.618）的矩形叫作黄金矩形，被广泛地运用于各类设计与艺术领域。比如达 · 芬奇的作品“维特鲁威人”符合黄金矩形。“蒙娜丽莎”的脸也符合黄金矩形，“最后的晚餐”同样也应用了该比例布局。

矩形的整体效果规整、统一、协调。其最大的优势是与建筑的形制十分接近，可以很好地与建筑相融合。

以矩形为平面构成主体的空间作品中规中矩，虽然相对中庸、简单，但也方便易形。不论是施工、测量也都最为省力。不容易产生致命的疏漏和不可回避的缺陷，也十分容易为人们所接受。在不少场合，仅仅采用矩形的方式，就足以处理和应付所需要的艺术效果及使用功能。

矩形不仅规则有序，同时也可以具有多种变化。多个矩形的连接、组合、镶嵌、套叠、结合基面的抬高、沉降等手段，将会产生丰富的空间效果。（图 2-31）

图 2-31 丽江悦榕庄

圆形分隔

圆形包括了圆形、椭圆、螺旋线、圆弧线等等，圆形同样是我们十分常用的一种空间定义方式。公平性和亲和力。它利于通行、聚集和其他各项活动，我们不难想到舞厅、体育场、溜冰场和众多庭院、会场、广场都是以圆形作为主要的平面划分形式。此外，不论你处在圆形场地的任何一个角度和位置，对于中心的活动和事件都能获得一样的视野和距离；如：罗马斗兽场、歌剧院、剧场、运动场的圆形结构。（图 2-32）

图 2-32 歌剧院

圆形与中国的文化中以“圆满”为吉祥寓意的民俗文化有着形式上的契合。在西方，圆形会被作为更具生命力、象征着自然的形象符号。

圆形没有矩形、三角或者其他多边形那样的生硬转折，所以也较少有孤立的角落。圆形的空间，不死板、不张扬，惬意且有着较为温和的变化。

但是，圆形显然也有缺陷，它增加了施工难度和造价。结构上，圆形无法独立使用，应该与其他的形态结合使用。滥用圆形，会让空间失去应有的视觉对比，而适得其反。

圆形的运用可以采取多个圆形组合的方法。

规则的组合：轴线、同心、环形；

自由的组合：嵌套、重叠、相切、排列。

与直线或矩形等其他图形结合的方式，主要有：圆角矩形；圆形加切线。（图 2-33）

这些方法是对单独圆形的很好补充和拓展，它们大大地改变了圆形的局限和弱点，并使其形式更加多样和实用。圆形的组合运用是一种很好的折中手段。但是一旦多个圆形进行自由组合时，便会产生一些尖锐的角落。如何避免和弱化这些狭小和过于尖锐的角落空间，是我们在设计中应该引起足够重视的问题。

椭圆：椭圆也属于圆形，较之于正圆，有了不少自由度和可变因素。椭圆的可能性是无限的，而正圆只有一个统一的半径，所以可能性也只有一个。

有时为了搭接和拼凑几个圆形之间的相互关系，既要符合美学原则又要达到实用的目的时（避免过多的锐角空间），往往会让设计师费尽心机或是最终放弃。而椭圆的变化就多了很多。在继承了圆形的特点和优势的同时，又增加了自己更为灵活多变的特点。有时被截断或拆解的椭圆形成了自由度非常高的弧线，在绘制和施工时符合几何的原则，但是在视觉上则要灵活了许多。

当然，有了更多的变数，就使得对椭圆的控制有了很多的主观因素和需要取舍控制的地方，也就增加了设计上的难度和出错的可能性。

除了以上的论述之外，还有弧线、扇形、半圆等也被看作是圆形系列。虽然他们有着各自的面貌，但是都具有活泼、动感、流动的共同视觉特点，也一样需要我们在处理时把握好总体的统一性，并能够合理地运用这类形式。

图 2-33 SMI¬IMAGES13

三角形分隔

我们在三角的运用中，最常用的角度是 30、45、60、90 度。三角形的平面规划，可以让其空间形态充满变化和新奇的感受。人们面对的不再是横平竖直的四方形空间，所有的墙壁都有了角度上的不同，非常彻底的打破了我们常规分割的视觉效果。和圆形一样，三角形也是产生变化的源泉。

虽然三角形以及其所形成斜线和角度能够很明显地达到活化空间、增加空间动感、打破常规空间形式等效果。但是，与柔和流畅的圆形或曲线形式相比较，三角形更加张扬锐利，会产生一些躁动不稳定的因素，有时甚至是一些过于激烈的视觉效果，在不恰当的场所使用此种形式时会让人感到不舒服，如医院，老年公寓。

所以对于三角形的运用，需要我们尽量地统一所使用角度，或者至少采用一种三角形作为主导，以求产生统一的空间结构或是平行线，弱化强烈的视觉和心理上的冲击，从而对于空间开发的整体性有较好的控制。

三角形这种分割方式往往不会被孤立的运用，与常规的矩形结合是常见手法，从而避免了和周围的环境结构反差过大。

2.4.2 自然有机形式的平面分隔

如果我们生活的室内外空间完全由几何线条切割产生，那么将是一件多么无趣的事情。不难看到很多有变化处理得空间形式中，采用了有机的自然曲线形式。这些自由曲线给空间带来了律动、轻松的气氛。

采用自然曲线作为平面规划的空间形式在设计案例中屡见不鲜，在室外空间的运用更为常见。最根本的原因是其具有最为接近自然状态的形式。自然界参差不齐、错落有致的形态被人们视为极富生机和变化的原生态符号。中西方的各种居住形态中，都会对自然意趣有着极高的追求，并将空间的自然美感视为居住的最理想状态。庭院、建筑的周边空间、景观等等都在形式上适当的采用自由的曲线以达到上述目的。而这些曲线和自由形态的运用，虽然看起来没有什么制约，但事实上却有着诸多的设计和美学规范。看似随意，却又处处充满了设计师的智慧。

然而空间设计中，一味地大面积、大比例的使用自由曲线和自然边缘有时也是一件有危险性的事情。如将建筑（构筑物）以纯自然曲线的手法表达，虽然耳目一新，却会让人难以控制和驾驭，尺度上难以把握，让人产生不安定和不稳定的躁动。对设计师的设计功力和魄力都是一个考验。即使是高迪的作品，有些也是引起较多争议的。（图 2-34）

图 2-34 上海 IAPM

2.4.3 各种平面手法的综合应用

在上述的各种平面的划分分类下，最为合理和最为有效的方式是在一个主要的形式元素主导下，采用不同形式综合运用的方法。没有任何一个成熟的作品是完全靠采用某个单一的平面形式来完成的。平面分割手法的综合应用，既能够合理地规划空间结构，也能在形式上得到最大的视觉美感，最大限度的实现预想的设计意图。于是产生了方、圆、三角、自由线、多边形、多图形的组合运用。

2.4.4 基面所具有的图形意义

不论是几何形还是自由线条的划分，我们常常会将其按照一个既定的图形（图案、形象）或是事先构想好的有特殊意义的符号去安排和规划我们的平面构图形式。

这种做法很不容易实现，但却十分有意义。正如前面对平面分隔的介绍中提到的，平面的形式极大的影响到了其空间的意义和属性，对基面形式（图形）的巧妙安排，往往要比在立面上的雕虫小技来得更加彻底，并从根本上确立起空间的意义。

图形的实现手法通常是采用抽象、几何化、符号化的简单图形。几何化、符号化的图形简练醒目，在传统建筑和手工艺上比较常见。抽象的图形往往比完全写实的图形具有更好的表现力和符号化功能。于是图案，成了我们在平面进行构思处理的桥梁。

但是，与其他手工艺品种出现的图案不同的是，并不是任何图案都适合平面构图的需要，并能够成功的表达。有些过于复杂和扭曲的图像是不适于作为基面表达手法的。于是，设计师只能在图形和意义之间寻妥协和平衡。有时，对基面的图形化处理，也可以在高差变化中实现。仍然是基面，却有了起伏的图示化效果。

可见，平面图案的实施难度要远远大于立面造型中的装饰或结构变化。后者受到的制约因素会少很多，而前者，由于人们活动和使用的要求，而存在面积、尺度、角度、工艺等诸多制约。不论建筑空间、室内空间还是环境景观空间，如果希望在基面形成一个有意义的图形，都将要做出很大的努力，有时甚至是很大的牺牲方能达到预期的目的。

2.5 空间设计与人类行为、心理、空间的性格

在对空间的基本概念和初步分割有了一些了解之后，我们将要讨论的是空间与人的心理及行为问题。掌握人们在空间中的各种心理感受，将现有的空间处理得宜人得体，充分的发挥空间的既定效能是我们研究的目的。

我们对空间的印象是由各种空间关键因素综合作用而产生的心理感受。我们会对不同的空间产生亲切、温暖、生硬、冷漠等不同的感受。

2.5.1 空间气氛及其给人的心理感受

我们在文学作品中就常常接触到一些对空间和场所的心理或情感的描写，如：坟场的阴森恐怖；广场的庄严肃穆；乡村的宁静安逸；街巷的嘈杂纷乱等等。（图 2-35~图 2-37）

这些都是某些特定的场所空间，通过各种环境和空间因素给我们留下的整体印象。人们对某个空间的光线、质感、色彩、形式、大小、声音、温度等等的感受，会形成对空间的综合心理评估，并反映出对空间的总体感觉。

我们对每一种不同的空间情调与气氛的研究或设计，都应了解其形成的基本特征、特点、制约因素和主要结构、色彩、材质，从而能够游刃有余的控制并制造出我们需要的空间心理感受。

每个人的生活经验各不相同。所以在进入相同的空间中感受也并不会完全一致。而是因个人的信仰、年龄、文化背景、性别等产生不同的感受。

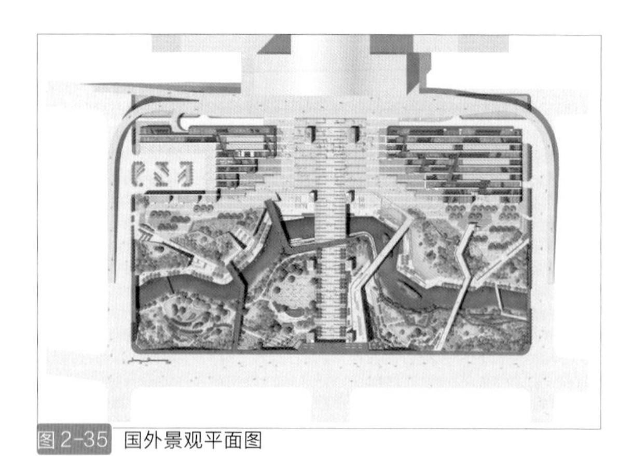

图 2-35 国外景观平面图

图 2-36 Smi

图 2-37 大理洱海

1. 流动的空间

流动的空间有两个含义，其一是指空间具有流动、流通的功能，是一种实际行为上的流动。此类型的空间一般是通道或者动势较为明确的空间，如走廊、街道、廊道、广场的主要流线等处。空间的流动主要依靠较为狭长的空间态势而产生。两侧垂直界面清晰，采取直线或简洁的空间流线处理（有时也做折现、曲线、波浪线等形式的基面处理）以及明确的出入口等方式，以达到指引的目的。

另一个对流动空间的理解，是其空间具有流动的视觉提示效果，达到的是空间意境上的飘忽和动感，是一种视觉感受上的流动。如音乐厅、某些商业空间、艺术展厅等，他们在特定的要求下需要营造出流动与活跃的空间氛围。需要靠不规则的折线、波浪线、具有较强方向性的斜线等来支撑这样的气氛。

图2-38 伦敦街头

2. 宁静的空间

所谓空间的宁静，必然是相对隐秘、幽深，具有较强的领域感或围合感的空间。

色彩较为自然统一，避免出现强烈的对比色和夸张的色彩搭配。结构、色彩、造型的处理一般也都较为适中。造型具有较强的秩序感，动态元素较少，较少出现巨大转折或结构夸张的情形。

善于充分的运用各种元素，以调动人的各种感官，能够在最大限度上创造出宁静的感受。自然装饰元素运用较多，如植物、山石、水体等。即使是有大面积的水体，也是平如镜的。或是以具有相当的野趣的动态事物形式出现，如小溪、小动物等等。

空间的宁静并不是完全意义上的安静。有时鸟鸣潺潺的流水声更加能够烘托宁静的场所气氛。宁静的感受，往往与我们在生活经历中的各种感官经验有着密切的联系，所以，清新的气息、柔和而协调的色彩，自然的装饰元素等等都成了我们营造的法则。

3. 庄严的空间

中轴对称是很多庄严的空间通常采用的形式。这是秩序与控制的形式，也是最容易组织各种递进和层次关系的空间。尺度和比例与一般的空间设置相比，要更为倾向于瞻仰式，同时补发轴向的延续感和宏大感受。

材质和色彩：采用统一的色彩和坚硬扎实的材质，体块统一完整，形制较大，会增加严肃的气氛。

装饰题材中自然手法的元素较少，即使运用，也会采取必要的几何化处理，将原本是自由变化的植物修剪的如同裁剪出的一样，同样是为了强调空间元素的统一、秩序感。这与我们中国的园林和居住中所提到的植物有着极大的反差。与我们所说的“宁可食无肉；不可居无竹。”中对植物的提法和情感，是大相径庭的。（图2-38）

4. 神圣的空间

对神圣空间的重要支持就是宗教文化对空间神圣气氛的无限追求。

神圣空间要求在尺度、比例与结构上的空间处理，尤其是高度上尽可能巨大，成为一个无法替代的处理手法。没有什么比仰视其繁复的精美装饰更为让人们折服的了。极高的顶面与天更加接近，与现实生活的空间产生了更大的反差。高大的空间尺度，也能够让声音在空间中回荡反弹，产生适度的回音和震荡效果。而唱诗与念经是宗教活动的重要成分，声音效果在空间中得到了混合与放大。（图2-39、图2-40）

夸张、强烈的空间结构，鬼斧神工的空间装饰，让人们在惊叹的同时，产生一些不真实感，进而变成崇拜和折服。无论是西方教堂的穹顶结构，还是中国古典建筑的斗拱与藻井，都有诸多超出功能性的装饰构造。这些结构在实现了基本的结构功能外，被适度的夸张处理，成为空间气氛不可或缺的重要组成部分。

外部环境的衬托也是不可忽视的手法，中国的宗教建筑，在选址上也十分考究，佛寺道观，坐落在青山绿水的怀抱，借助其自然环境的力量，烘托了其自身空间的空灵高远。

还有更多特征的空间气氛，如圣洁的空间、恐怖的空间、古典的空间、雅致的空间、活泼的空间、浪漫的空间、活跃的空间、华丽的空间、神秘的空间等等。总体上看东方的空间更倾向于感性和诗意，以及无处不在的空间意趣；而西方的空间强调对秩序与统治的追求，由对植物和空间结构的严格控制而强调皇权的威严。

当然，空间的气氛和属性并不能够完全的由空间的层面来加以理解，往往它是个由文化、历史、政治、环境等多方面综合而形成的。

2.5.2 不同空间的人类行为

1. 个人空间

人们通常会对距离和空间有必然要求，保持足够的距离和联系。一旦这种距离与联系的关系被破坏，人们就会感觉

图 2-39 成都竹林

图 2-40 英国威斯敏斯特教堂

到焦躁不安。

根据人类学家爱德华·T·荷尔的研究成果，即我们每个人都被一个看不见的个人空间“气泡”所包围。当我们的“气泡”与他人的“气泡”相遇重叠时，就会尽量避免由于这种重叠所产生的不舒适，即我们在进行社会交往时，总是随时调整自己与他人所希望保持的间距。

人们之间的相互关系也会影响到气泡的大小。关系越亲密，气泡越小；随着亲密程度的降低，由亲朋好友降到一般熟人，最后降到完全陌生者，气泡就会越来越大。特别是当交往的双方意识到各自的社会阶层的差异，各自文化背景的不同而互存戒心时，气泡的扩大就尤为激烈。

通过一些让人转移注意，或者至少让他们可以有事可做的装作视而不见，是一种有效的打破个人气泡障碍的有效手段。

譬如，在挤满了人，感觉极不舒服的电梯里，人们的双眼可能死死盯着电梯间控制盘上闪烁的数字。

2. 人们对转角处和凹凸处的喜爱

很大程度上，人们由于安全性和保持联系的心理；人们倾向于转角处和凹凸处。

人是一种社会动物，如果需要保持自己的私密和安全，最好的方式是去一个完全没有人的偏僻场所，但我们很少会那么做。人们真正喜欢的方式是闹中取静。既可以看到丰富多彩的社会活动，又感到安逸舒适，并能够完成休闲、交谈等私人行为。在转角和凹凸处，至少有一个界面作为人的“依靠”而使其感到安全，同时又和热闹的街道和广场距离不远。

3. 空间距离

亲昵距离：15-40 厘米，这在情人间的交往时可以接受的，而在其他情况下就会引起不快—譬如，在拥挤的电梯中。有时亲昵距离可以发展到 15 厘米之内，但这个距离只是在作安慰行为或某些特殊动作时，方才这样挨近。

私交距离：数字是 45-120 厘米，其中 45 是上限。上限距离一般出现在思想一致，热情交谈或同时沉思的人们之间。

社交距离：120-360 厘米这是在大多数商业活动和社交活动中所惯用的距离。这一般发生在工作关系很密切的或者偶尔相识的知音之间。

公共距离：370-760 厘米。这种大场面公共距离的出现总有显赫人物在场；教堂里主教大人的讲话远离教徒；法庭上法官老爷的宝座远离律师；宴会中达官贵人的雅桌远离普通宾客。（图 2-41、图 2-43）

图 2-41 教堂彩绘玻璃

图 2-42 国外公共空间设计

图 2-43 国外景观设计

4. 人们的趋同与防御行为

保持一定的距离是一个要求，而同时又需要参与社会性的活动，得到足够的交流。这显然是一个有着一定矛盾关系的要求。于是，我们可以发现在公共空间，能够看到热闹的街道或广场活动的边缘，会有很多聚集行为。

人们需要较为独立，但是更重要的是交流，遇到一些有共同爱好，有类似行为的人，能够产生对话活动，而又不至于超出自己的预想。

人的生活有一个特点，他见不到人是不行的。你见不到人是不行的。比如我们去一个人烟稀少，但是环境好的地方旅游，在那里待一两天，呆 5、6 天也可以；但是，让你住上十天半个月，你就要崩溃。且不说你不能上网、玩游戏；想去酒吧，逛商场或者超市没有那种可能。最重要的是你见不到人。为什么很多人喜欢去酒吧、咖啡厅坐坐？他是想找一种与别人共处的感觉。倒未必和别人说话，碰到能说话的就说，不能说的就不说。就算不说话，也是一种自我需求。

03

环境设计手绘表现技法

3.1 基础训练

手绘效果图是设计师用来表达设计意图、传达设计理念的手法，在室内外装饰设计过程中，它既是一种设计语言，又是设计的组成部分，是从意到图的设计构思与设计实践的升华。手绘效果图包括了具象的室内外速写、空间形态的概念图解、功能分析的图表、抽象的几何线形图标、室内外空间的平面图、立面图与剖面图、空间发展意向的透视图等等。室内外设计是一门边缘学科，就空间艺术本身而言，感性的形象思维占据了主导地位；但在相关的功能技术性问题上，则需要逻辑性强的理性抽象思维。因此，在室内外设计的过程中，我们需要的是一种丰富的形象思维和缜密的抽象思维的综合多元思维方法。设计过程中的“图解思考”实际是一种交流过程，这个过程可以看作设计师与设计草图相互交流。交流过程涉及纸面的速写形象、眼、脑和手。其主要的表现特征与形式就是手绘效果图。从艺术设计的要求和程序来讲，一般可分为方案草图、方案发展阶段和施工图、效果图绘制阶段。在第一阶段，主要是设计师对该设计课题的设计理念与艺术修养的体现，它用快速、准确、简约的方法与之适应的技法将设计师大脑中瞬间产生的某种意念、某种思想、某种形态迅速地在图纸上记录并表达出来，并以一种可视的形象与业主进行视觉交流与沟通，为该工程合约的签订打下良好的基础。在这个过程中，设计师通过眼（观察）、脑（思考）、手（表现）高度的结合，用图解思考与综合多元的思维方法，将其设计创意、设计理念表现出来。作为一种专业技法，手绘效果图的训练对一个未来的专业设计师来讲是非常必要的。这种技法的掌握也有利于提高日后对电脑数码绘图的处理能力。空间感、色彩关系、明暗关系、造型能力都是手绘效果图与数码绘图所具有的共性，手绘能力的训练有助于加强设计师对空间的想象能力与空间效果的感受力，进而提高造型能力和审美素质。

手绘根据所使用材料的不同有很多种，铅笔素描、钢笔画、水彩、水粉、油画、中国水墨画、粉彩……每种材料都有自己的特性，而依据个人性格、喜好和习惯以及掌握程度的不同各有偏重。手绘是很考验绘画功底的，当然也是最能提高的手段，需要长时间的训练。手绘会有一些意外效果，而这些意外常常会启发人的创造性。

电脑绘图现在其实有很多软件和硬件都在向手绘效果靠拢，用电脑绘图会让人不自觉地想要更省事，实际是不利于提高的。（想用电脑快速的出一张图方法真是多样）不过针对市场需求，电脑绘图现在越来越普及了，其实用电脑绘图，虽然省略了实际手绘的那些准备工作和事后清理，但是必不可少的是对软件的熟悉和掌握，这一点就和手绘中对材料的掌握没什么两样。电脑绘图的长处是将各种画具的效果模拟出来而省略了诸如铺展画纸、挤颜料、调色、清洗画具等等繁琐的工序，而且便于复制和输出。

学习好手绘表现技法，也必须学习相关美术基础课，如：素描、色彩、钢笔画、透视等，还要掌握绘图辅助工具的性能及各种表现技巧。这样便可以把基础训练与实践运用结合起来，使基本技法在实践中得到深化融会贯通，从而在表现图中驾轻就熟。

3.1.1 透视

透视图即透视投影图，是指假设在物体与观者之间有一透明平面，观者对物体各点射出视线并与该平面相交形成投影点，把这些投影点以一一对应的关系连接所形成的图形。在透视图中，由于投影线不是相互平行而是相交于视点，所以显示物体的大小不是真实的大小，而是具有近大远小的特征。形状上，由于角度发生了变化，长方形和正方形变成四方不相等的不规则四边形，直角会变成锐角，而圆形通常会变成椭圆形。透视点的正确选择对效果表现效果尤为重要，最经典的空间角落，丰富的空间层次，只有通过理想的透视点才能完美的展现。

合理的视点是表现画面最精华的部分，最主要的空间角落，最理想的空间效果，最丰富的空间层次的关键。 确定了视点也就确定了构图，好的构图通过活跃有序的画面构成突出所要表达的主题。

1. 在具体方案设计过程中，进行空间表现时，对于视点和角度的确定应注意：

（1）在表现整体空间中，最需要表现的部分放在画面中心。

（2）对于较小的空间要有意识地夸张，使实际空间相对夸大，并且要把周围的场景尽量绘制的全面。

（3）尽可能选择层次较为丰富的角度。

（4）如果没有特殊需要，在表现室内外时，尽量把视点控制在 1.7 米及以下。

（5）在确定方案时，可徒手画些不同视点的透视草图，择优选择。

2. 视平线的确定

视平线是人在观看物体时与人眼睛等高的一条水平线，视点高低不同可产生平视、仰视、俯视的效果。心点是视平线上眼睛垂直于画面的一点，在效果图的表现中根据画面所需要表达的主体来选择合适的心点位置，一般情况下，心点在画面中间 1/3 部分以内。

心点是视平线上眼睛垂直于画面的一点，在效果图的表现中根据画面所需要表达的主体来选择合适的心点位置，一般情况下，心点在画面中间 1/3 部分以内。

3. 透视角度的确定

选择不同间距的灭点绘制效果图有不同的效果，较近的透视灭点会产生强烈的视觉变形，为了得到更舒适的视觉效果，可采用延长灭点间距的方法来绘制，通常灭点距离是物体高度的三倍。

4. 透视类型的选择

（1）一点（平行）透视特点：

①环境中物体至少有一个面与画面平行

②所有远处消失线都集中在一个心点上

③室内外空间产生较强纵深感

④同时表现室内外正立面，左右立面，以及地面、天花

⑤较常用于表现室内外空间环境（图 3-1~ 图 3-3）

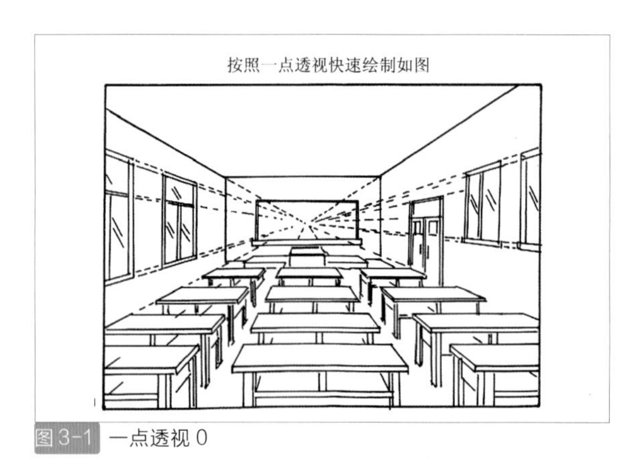

图 3-1 一点透视 0

图 3-2 一点透视

图 3-3 一点透视效果图

（2）二点（成角）透视 特点：

①所有物体的消失线向心点两边的余点处消失

②自由、活泼，反映环境中构筑物的正侧两个面，易表现出体积感

③有较强的明暗对比效果，富于变化

④室内外外环境的表现中都比较常用此种方法，室外也可用于表现局部或一角（图 3-4、图 3-5）

（3）三点（成角）透视 特点：

①人俯视或仰视物体时形成的结果，在垂直方向产生第三个灭点

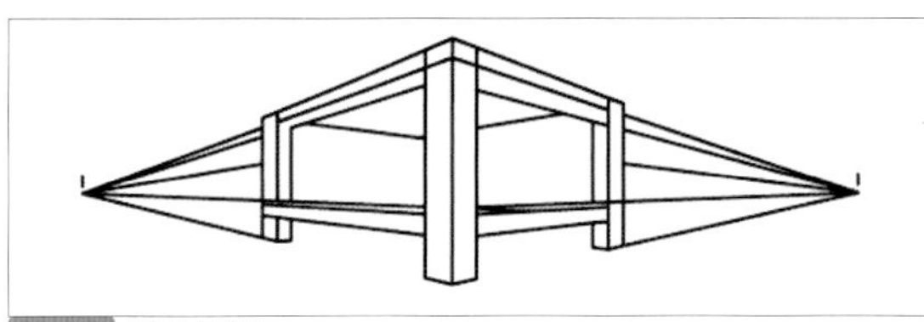

图 3-4 两点透视

图 3-5 两点透视效果图

②适合表现硕大体量或强透视感，例高层建筑物、建筑群、城市规划等（图 3-6 图 3-8）

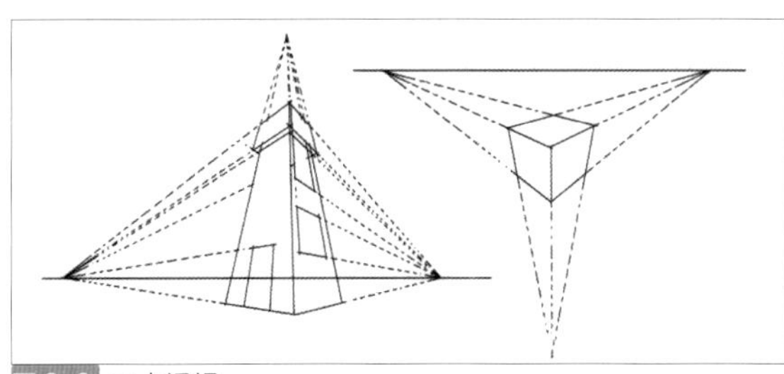

图 3-6 三点透视

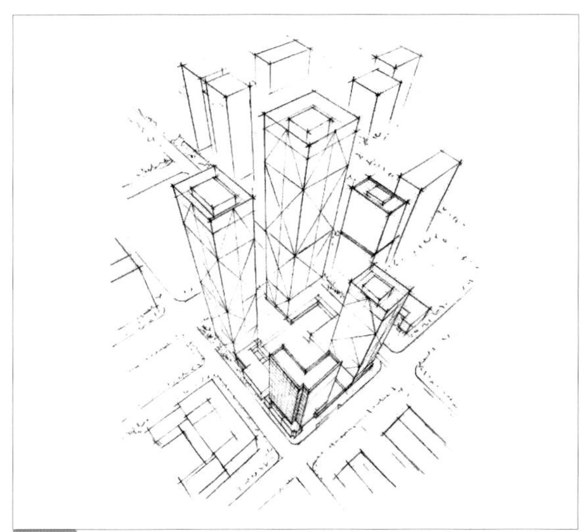

图 3-7 三点透视 0

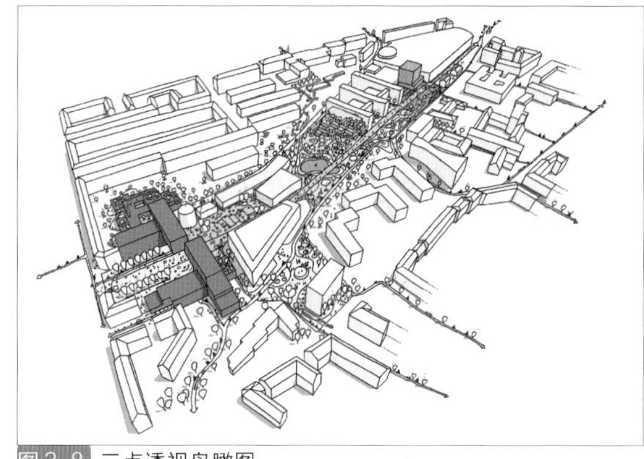

图 3-8 三点透视鸟瞰图

3.1.2 实践训练

在学习实践中，对初学阶段稿“全面因素”（构图、比例，结构、透视、明暗、空间、质感、色彩、技法等问题，难度仅大，而且要求也清楚）是恰当的，首先是它的要求明确，这张作业的要求是什么？ 是为了研究和解决什么问题都清楚，这样容易导致技法熟练的设计师留于单纯的外形描绘，甚至是无限细节的罗列。分解训练就是要把需表现的诸因素，训练内容和要求分解，抽象成若干因素成为研究、训练的重点。如：线段练习、线的表现、结构、比例、透视、空间，质感、色彩、技法等，抽出来进行单独的训练。

1. 观察——把室内外、外空间中各种复杂的物象抽象为几何形、几何体；可借助实形、虚形，辅助线等快速地把握室内外外空间的结构、比例、透视等；

2. 表现——把室内外、外空间中各种复杂的物象抽象归纳成几种表现特征：

（1）水平面的面的表现技法（天棚、地面、桌、椅、台面）：

（2）垂直面的表现技法（墙、柱面、镜面、门、窗等）：

（3）圆、弧面的表现技法（圆柱、圆球、灯具、洁具等）：

（4）质感的表现技法（坚硬光滑的面、柔软的面、玻璃镜面、木材、金属、织物、植物、草皮、石头、水景等）：

一个阶段训练一个内容、解决一个问题，这样强调了学习的阶段性、侧重性，目的和要求明确，问题解决也会快一点。经过分解阶段训练的学习后可以转到综合训练了，作业的要求也可以是全面因素的了，作业的时间也可以由短到长了。没有一定的量，就会有一定质的提高，就可能有一个大的飞跃。只依靠为数有限的几幅手绘效果图表现习作，来要求提高认识能力和表现能力，又要达到娴熟和巧妙的完美境界是切合实际的。所以，在手绘效果图作业的安排上，应根据具体要求，选定训练内容，再决定时间的长短与数量的。（图 3-9~ 图 3-11）

图 3-9 室内手绘草图

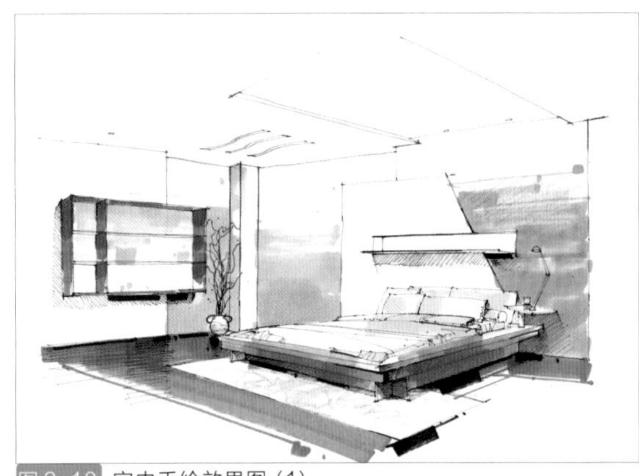

图 3-10 室内手绘效果图（1）

图 3-11 室内手绘效果图（2）

在客观对象的基础上，坚持模拟的艺术原则，要看到复杂事物的单纯的一面，把握客观对象的内在联系，深入研究本质规律性知识，从而达到科学地、艺术地表达客观对象的本身。这样形成的一套从观察（练眼）、分析（练脑）到表现（练手）的严密逻辑，并强调按这样的逻辑与程序作画。但是作为设计师没有敏锐的直觉素质是不行的，而直觉能力的提高同理性训练又是可分割的。

1. 临摹和写生，临摹各种优秀作品，研究各种不同的表观方法和风格，从中找出一些规律性的知识，要注意体会原作的精神实质，要从原作的最终效果看出作者对环境空间的观察和理解以及作画程序与手法。画画有两种画法，一是手画、二是心画，从真正意义上来讲，首先要做到心读、心画，领会原作的真意再下笔，这样才可能会有一定效果的。在写生的过程中进一步通过观察（练眼）、思考（思考）以及表现（练手）可加深对各种同的表现技法的理解和真正的掌握，做到眼、脑、手的高度统一与完美结合。

2. 默写与创造：默写和想象能力对学习设计艺术的人来说是重要的。想象力是智力高度发展的体现。绘画仅要画目之所见之物，还要进一步能画所知和所有的东西，艺术的生命力在于创造，在于发展，在于有独特的个性，想象力是匠心独创的核心。而默写与想象能力的培养和提高，关系到今后从事环境艺术专业的设计师们的设计意识、创造能力的培养和提高。

任何一件事物都有其两面性，手绘效果图的一个特点是具有一定的程式化画法，这套程式化画法步骤、方法明确，学习效果理想。缺点在于初学者很容易被这种程序化套死，表现方法单一没有新特点。除了综合技法训练的表现外，还要进行新技法、新课题的尝试训练以开拓思路。手绘效果图表现技法可以借鉴其他专业绘画的表现技巧，采它山之石，为己之用，在技法训练中，最大限度发挥设计师的绘画技法个性，摆脱程式化画法的束缚，创作出有个性、有特色、有创意的手绘效果表现图。所以说这个过程是从“无法”到“有法”，再到“无法”甚至是“无法无天”的过程。

在手绘表现技法艺术上的探索，会影响我们全面掌握环境艺术设计的知识，只有具备丰富的，全面的和坚实的专业基础知识，才有发展的巨大潜力。具有综合多元的感性与理性的思维方法与坚实的手绘表现技法，对于今后在环境装饰艺术设计中，对提升设计品位、设计质量，甚至环境装饰艺术设计专业的发展，都是强大的推进器。

3.1.3 室内外手绘效果图的特性

传真性——通过画面对建筑物，室内空间、质感、色彩、结构的变现及艺术处理能够接近真实的场景效果 。

快速性——运用新型的绘画工具，材料快速勾勒出能够表达设计师设计意图的画面场景。

注解性——为了让业主了解设计师的创作意图，性能及特点，能够以一定的图面文字， 尺度来注释说明。

启发性——在表现物象结构、色彩、肌理和质感的绘图过程中，能够启发设计师产生新的设计思路。（图 12、图 13）

3.1.4 效果图透视的基本规律

1. 近大远小，近实远虚

由于受到空气中的尘埃和水汽等物质的影响，物体的明暗和色彩效果会有所改变，降低清晰度，产生模糊感，因此，利用透视规律近处的物体加以清晰的光影质感的表现，远处的物体减少明暗色彩的对比和细节刻画，达到增加空间透视的效果。

2、近宽远窄，垂直大，倾斜小

例如：透视表现中房屋、建筑、树木显得高大，马路距离长远，但因角度倾斜，显得短。（图 3-14、图 3-15）

图 3-13 室内手绘效果图

图 3-12 景观手绘草图

图 3-14 景观效果图滨水

图 3-15 景观效果图广场

3.2 钢笔线描技法

手绘效果图的独特魅力，在很大程度上取决于线描的语言魅力。在效果图的表现中，硬笔能够自由地表达作者的构思创意，能用线条清晰准确地表现形体空间和光影质感等，可以说是其骨架，为效果图的着色打下基础，也可以成为独立的艺术表现形式。

钢笔具有简单便捷，轮廓清晰、效果强烈、笔法劲挺秀美的特点。钢笔线条和素描的铅笔有共同之处，但又有着各自独特的表现手法。在效果图的表现中，无论是一点透视还是两点透视绘制，线的表现十分重要，可以说是效果图的骨架。（图 3-16、图 3-17）钢笔彩色画是建立在钢笔画基础上敷色而成。钢笔画的好坏，直接影响到彩色画的效果。

图 3-16 钢笔线描江南

图 3-17 钢笔线描欧洲

3.2.1 技巧指要

线条是钢笔画中最为基本的表现语言。学习钢笔画，首先要从各种不同形式的线条开始练习，其次再对各种线条进行叠加与组合。在线条练习过程中，所受力的均匀程度不同，将产生不同性质的线条。

线条的不同组合，表现出不同形式的钢笔画。

线描型钢笔画：用线条来勾勒与表现建筑物的外形轮廓与形体结构。画面的线条组合要体现洒脱、流畅的韵律感。

素描型钢笔画：用线条的疏密排列来表现建筑物的凹凸造型与明暗光影，使建筑物具有立体感。面画的线条组合要体现黑白相间的节奏感。

线条的练习有很多种，写生默写等，也可采用以下几种方式进行循序渐进的或交错训练。

描摹，也称为拷贝，描摹的对象可以是效果图作品，也可以是摄影图片。对初学者来说，采用此方法无疑是一种轻松容易上手的好方法，可以从描摹作品到图片，由易到难的方式进行。但注重适当合理运用，否则会使人产生依赖感和惰性。具体方法是用较透明的纸张如硫酸纸压在画面的上面，进行严谨认真的描绘。由于不用去顾及形体的比例结构，透视规律，能让学生暂时忽略形的把握而充分感受线条，感受到线条的亲和力，线条是如何表现出透视空间，学生在描摹后有更强的信心和兴趣。

临摹和临绘，临摹多是照着好的效果图表现作品来学习的方式，因此应明确学习的目的，注重光影的表现还是线条的组织；在临摹中注重画面的透视规律的表现，物体之间的结构关系、空间关系的表现。临绘，多指根据照片来进行描绘。能增强对画面点线面和黑白灰的概括能力。

写生和默写。写生是对学生在前阶段的临摹中所学的得到检验和运用，能增强学生对形体结构的理解和活用。在钢笔线描的表现中，方法是多种多样的。不同的方法不是截然分开，而是相互联系交替使用和融会贯通的。熟能生巧，只有多画多练，才能得到效果。进行训练。默写是很重要的环节，通过默写和想象的发挥，能增强对空间结构的理解，进入到设计的状态。

3.2.2 线描的表现

线描作为独立的艺术表现，表达方式极为灵活，表现风格也多样变化，可以工整严谨，可以随意洒脱。效果图绘制离不开线描表现，工具中主要有绘图钢笔、美工笔、铅笔、炭笔、签字笔等，都属于硬笔描绘。

这里所谓的白描，是指以勾勒单线为主的线描表现方法。画出物体的轮廓线和结构转折线，给人清晰明快的感觉。钢笔线条的深浅主要是靠用笔粗细来表现。在勾勒中，注重线条的粗细变化，外轮廓线和主要结构线用较重线条，体面的转折处稍次，平面上的纹理或远处的次要的景物再次之，由此产生形体结构的主次变化。同时，注重前后的空间关系，用线条的遮挡来表现空间关系。

西方的线描与中国传统线描有着本质区别。西方的钢笔可以说是在素描铅笔的基础上发展和演变来的，主要依靠线条的组织来表现光感质感等写实变化。线条平直工整，用力较为均匀。中国的线描是在毛笔的基础上发展而来，如书法中有起笔，行笔、收笔的过程，讲究抑扬顿挫，有力透纸背，入木三分等不同说法。就线条本身而言有着强烈的语言说服力，且有着传统书法所沉淀的深厚的文化底蕴，能表现出质感和情感。

设计师应该根据对象在环境设计中找到适合的表现手法，只有建立在形象生动地表达造型和构思的基础上，才逐渐显示其强劲的艺术感染力和艺术魅力。

3.3 马克笔表现技法

一幅优秀的马克笔画，往往由准确的透视、严谨的结构、和谐的色彩、豪放的笔法所组成，缺一不可。而马克笔笔触的排列与组合，是学习马克笔画面临的首要问题。马克笔常因色彩艳丽、线条生硬使初学者无从下笔，或下笔后笔触扭动、混乱、不到位，导致形体结构松散、色彩脏腻。马克笔拥有各种粗细不等的笔头，加上用笔时受力的轻重变化，可绘出不同效果的线条。笔法的熟练运用及对线条的合理利用和安排，将对我们用马克笔表现画面起到事半功倍的效果。

作为手绘效果图快速表现，马克笔是目前较为理想的主要表现工具之一。（图3-18、图3-19）

图3-18 马克笔手绘建筑

图3-19 马克笔手绘景观

3.3.1 马克笔的主要优点

1. 线条流程、色泽鲜艳明快，使用方便。

2. 笔触明显，多次涂抹时颜色会进行叠加，因此要用笔果断，在弧面和圆角处要进行顺势变化。

马克笔的品种较多，日产的马克笔具有较好的品质，建议采用。另外马克笔的色彩也较为丰富，选择以中性色为主，一般配备 20 支左右也就是够了。

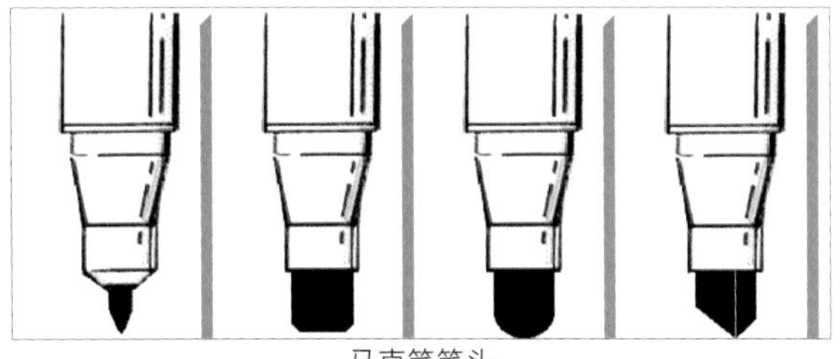

马克笔笔头

马克笔也分为水性和油性两种，各有各的特性，油性马克笔在上色时会在纸面上渗透，在吸水性较强的纸上会出现线条的扩散，因此，纸张的选择很重要。过于光滑的纸张会影响色的附着力，容易使画面摩擦后掉色，最后选择专用纸。马克笔在硫酸纸上运用，由于色的渗透使颜色与颜色之间有调和的机会，尤其是同色系之间，运用得当，会产生水彩退晕的效果。在马克笔上色前，要注意选用防水性墨水勾画轮廓，以免墨水溶化污染画面以及影响造型。已经干涸的油性马克笔，只有注入适量的酒精仍可使用一段时间，酒精也可以用来画面洗色。水性马克笔具有较强的表现力，颜色亮丽青透明感，但多次叠加颜色后会变灰，而且容易伤纸，不宜多次修改、叠加，否则会导致色彩浑浊、脏。水性马克笔画还可以结合彩铅、水彩、水色等工具进行使用，达到更加丰富画面的效果。（图 3-20、图 3-21）

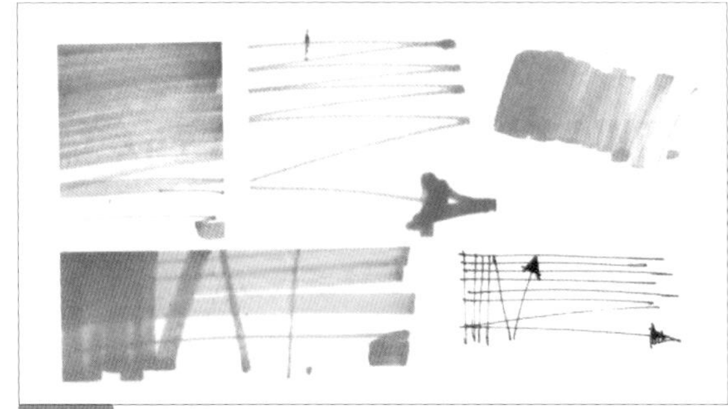

图 3-20 马克笔笔触

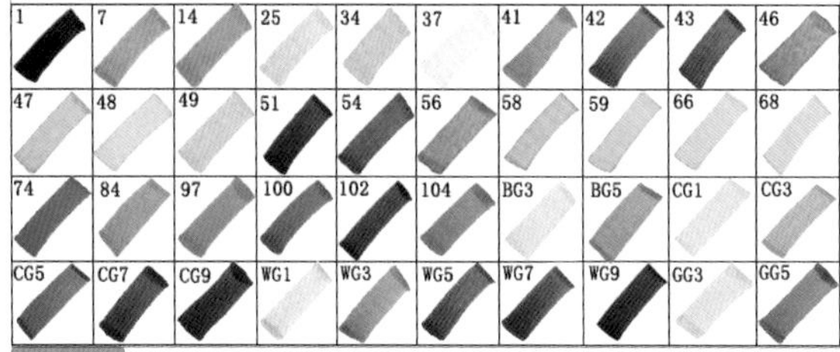

图 3-21 马克笔景观用色

3.3.2 马克笔的上色

马克笔在描图纸上使用时，先用针管笔将室内室外景物的透视关系描出，再根据画面需要在纸的正反两面进行上色。需要灰暗一些的颜色通常可在纸背面上色（这是参考国画绘画技法），适宜用来表现远景或者中景。画完后裱在白卡纸上，色彩便被衬托出来。这样画法非常节约时间。马克笔的作画步骤与水彩画接近，先浅后深。在阴影或者暗部用叠加法分出层次及色彩变化。也可以先用一些灰色调笔画大体阴影关系，然后上色。在进行马克笔练习适可以先将线稿复印多份，反复练习上色。（图 3-22、图 3-23）

马克笔用色时要强调的是，作为初学者或是从事室内设计的设计师，如果有较好的色彩基本功，再去给它们上色、就可以在短期内达到较为理想的效果，基础较差的人可以在大量的临摹中补上色彩这一课。手绘表现的上色方法与绘画上色方法大不相同，有它自己的上色方法和模式，这还得要在实践中去掌握，慢慢地去领悟。着重表现物体的“自身”特性，在刻画上从单个物体入手，注重物体的固有色、质感，让观者与现实中物体和色彩产生对照或联想。用色也是力图表现实际物体的色彩特征和质感特征。

图 3-22 手绘线稿

图 3-23 手绘线稿

马克笔上色后难以修改，也不宜反复涂改，因此在上色之前要对颜色以及用笔做到心中有数，一旦落笔也不可犹豫，下笔定要准确、利落、注意运笔的连贯、一气呵成。最后，马克笔的笔宽也是较为固定的，因此在表现大面积色彩时要注意排笔的均匀，或是用笔的概括，在使用时，是要根据它的特性发挥其特点，更有效地去表现整个画面。

3.3.3 马克笔绘画练习

1. 准备。要想画出一幅成功的渲染图，前期的准备必不可少。

2. 草图。草图阶段主要解决两个问题，即构图和色调。构图是一幅渲染图成功的基础，不重视画面构图，画到一半会发现毛病越来越多，大大影响作画的心情，最后效果自然不会好。

3. 正稿。在这一阶段没有太多的技巧可言，完全是基本功的体现。关键是如何把混淆不清的线条区分开来，形成一幅主次分明、趣味性强的钢笔画。

4. 上色。上色是最关键的一步，应按照产品的结构上色。

5. 调整。这个阶段主要对局部做些修改，统一色调，对物体的质感进行深入刻画。

马克笔是室内快题设计、景观快题设计中最常见、用时最短、效果最好的表面工具。而快题设计是景观公司、室内装饰公司、规划设计院、研究生入学考试的必考科目。考试时间一般为 3-6 小时，要求在较短的时间内，考察设计师的设计水平、手绘基本功和应变能力。所以练习好马克笔手绘表现技法对于一个好的设计师来说是十分重要的。（图 3-24 ~ 图 3-29）

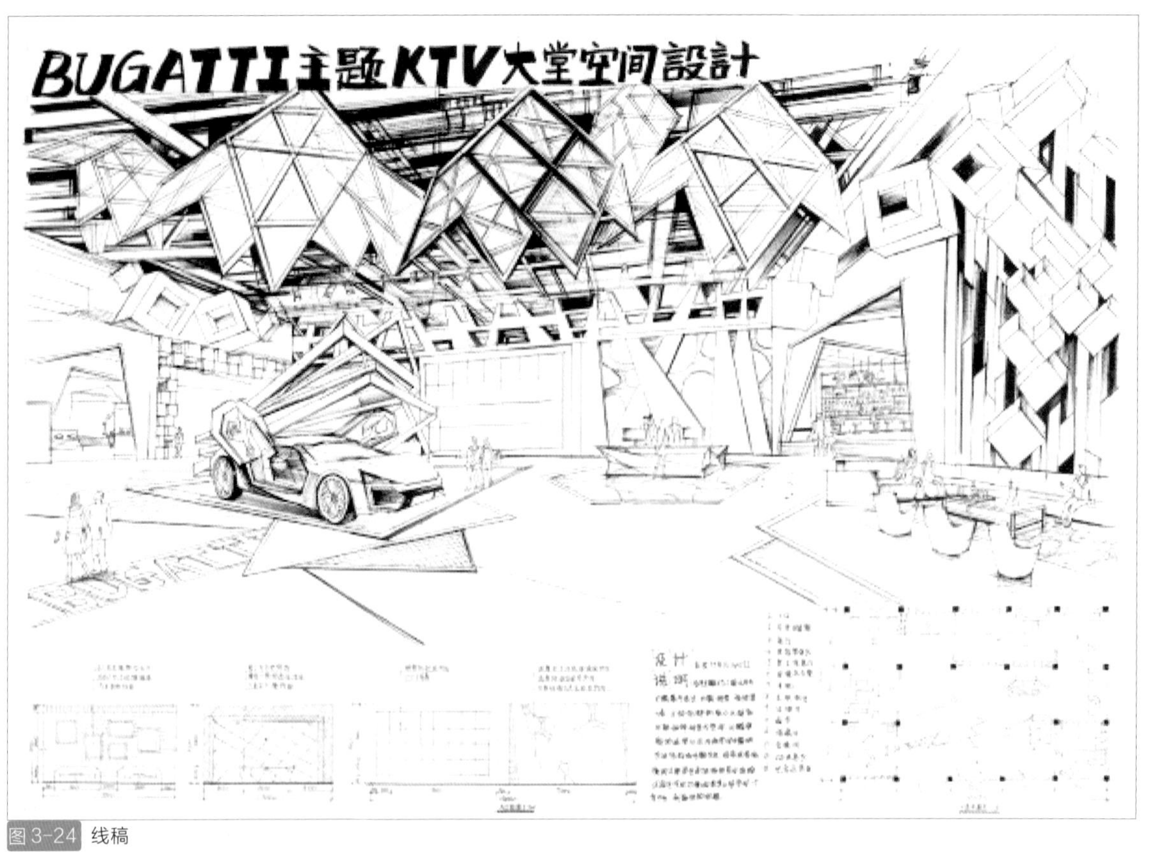

图 3-24 线稿

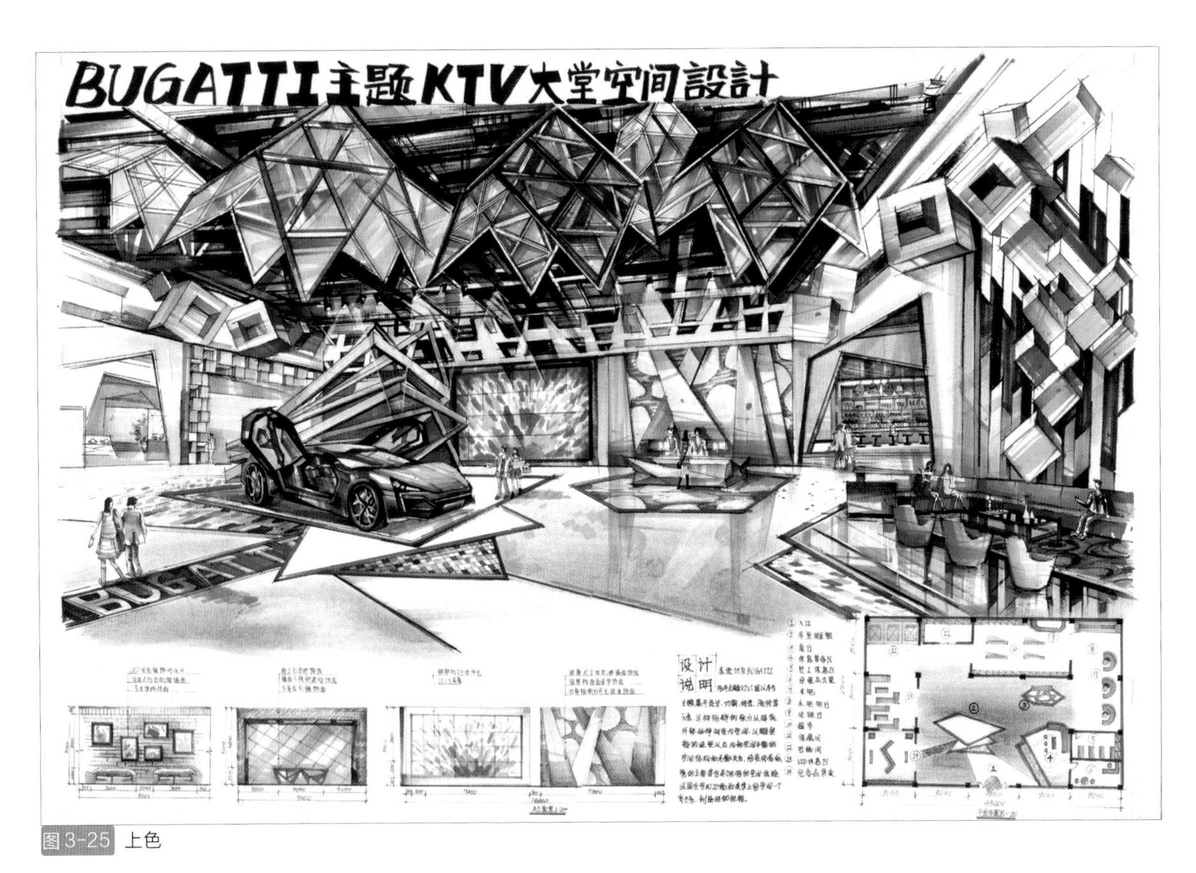

图 3-25 上色

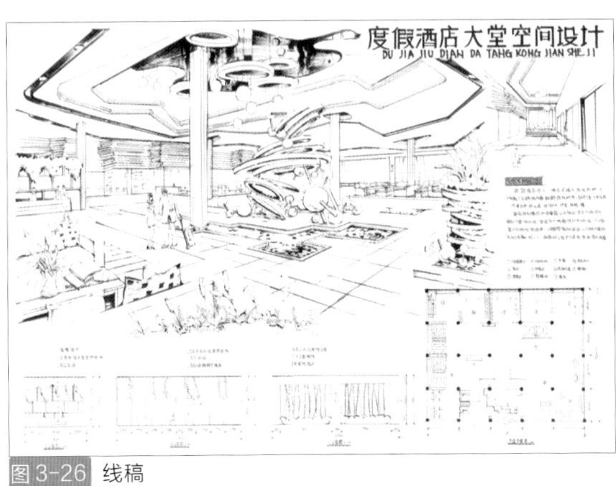

图 3-26 线稿

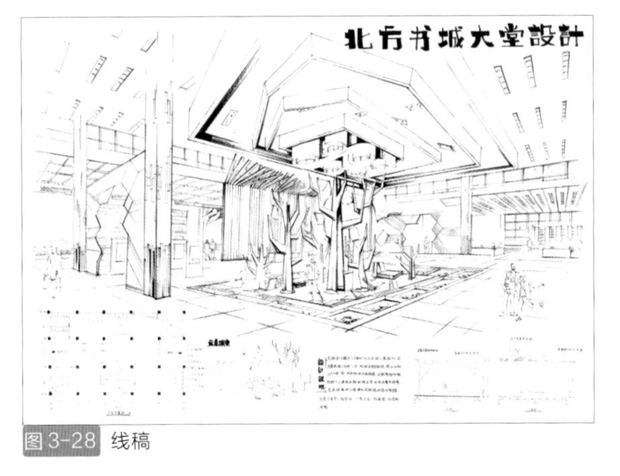

图 3-28 线稿

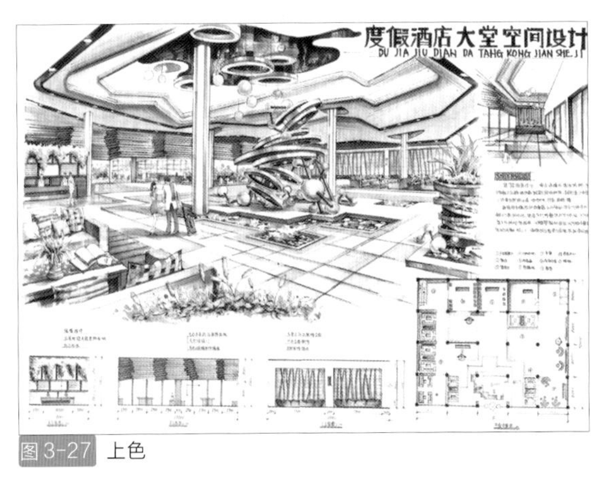

图 3-27 上色

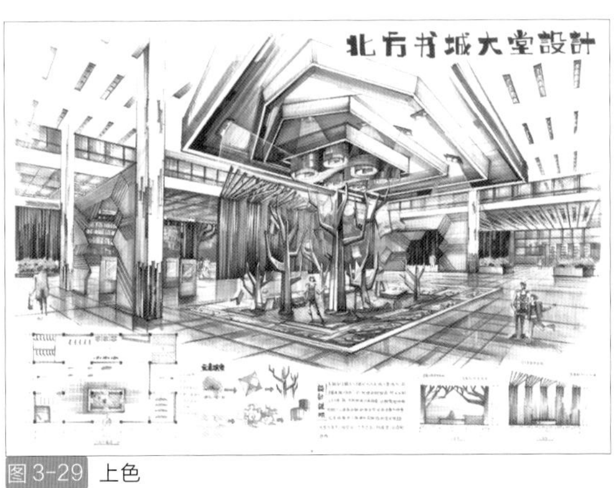

图 3-29 上色

3.4 水彩渲染表现技法

3.4.1 水彩渲染技法

水彩渲染已有百余年的历史，在我国也经历了几十年的发展过程。60 年代之前，我国各大学建筑系的学生一般都要学习水彩渲染。传统的水彩渲染色彩变化微妙，能很好地表现环境气氛，但也存在很大的缺点。其缺点主要有：一是色彩明度变化范围小，画面不醒目；二是由于色彩是一遍又一遍地渲染上去的，很费时间，这与实际工作的要求有很大矛盾。因此，这种表现手法已逐渐被淘汰。近年来，国外对传统水彩渲染进行了改造。如运用大笔触，加大色彩明度变化范围等，避免了上述传统水彩渲染的缺点，使画面变得醒目，作画时间也大大缩短。为了与传统水彩渲染相区别，我们称这种方法为现代水彩渲染。

水彩颜色的浓淡不能像水粉渲染那样用白色去调节，而是通过调节加水量的多少来控制，否则就失去了水彩渲染的透明感。

水彩渲染的着色顺序和马克笔渲染一样，是先浅后深，逐渐变暗。

水彩颜料调和时，同时混入的颜料种类不能太多，以防画面污浊。

水彩渲染用笔：用中国毛笔大、中、小白云即可，水彩笔也可以，细部描绘可用衣纹笔或叶筋笔。（图 3-30、图 3-31）

图 3-30 水彩鸟瞰

图 3-31 水彩景观

3.4.2 钢笔水彩渲染技法

钢笔水彩渲染技法是一种用线条和色彩共同塑造形体的渲染技法，它的历史较久。传统钢笔水彩渲染又叫钢笔淡彩，画面一般画得较满，色彩较浅淡，或仅作色块平涂。现代钢笔水彩渲染常常不将画面画满，且对车面进行了剪裁，色彩较浓重，加强了表现力。这里介绍的是现代钢笔水彩渲染技法。在这种技法中，线条只用来勾画轮廓，不去表现明暗关系。色彩通常使用水彩颜料，只分大的色块进行平涂或略作明度变化。也有用马克笔着色，借用马克笔的笔触可以产生豪放

图 3-32 水彩街景

图 3-33 水彩建筑

的效果。这种技法不仅可以用来表现外观透视，更适于表现室内透视。作画用纸要求用高质量的水彩纸或纸板，也可以用普通水彩纸，但最好裱起来作画，以避免水彩纸着色后发生翘曲。（图 3-32、图 3-33）

3.5 其他表现技法

3.5.1 淡彩画画法

用铅笔（或钢笔）素描稿的基础上薄涂淡淡的颜色进行练习，这种画法叫“铅笔淡彩”。作画步骤：

1. 用铅笔画出草稿，定好大的位置。
2. 用铅笔画出大概型，画出大致明暗。
3. 薄薄的涂上色彩。
4. 较为细致的刻画，调整完成。

铅笔淡彩入门很重要，重在一个意识的培养，简单地说是：

1. 色感，不必像静物写生那样拘泥什么环境色光源色固有色，主要学会眯起眼睛抓色彩，并且能善于用水灵清透的颜色表达，和水粉不一样的是，你要学会大胆的使用纯色，尽量发挥间色的表现能力，少用复色（这样会显得画面脏）。（图 3-34、图 3-35）

图 3-34 彩铅手绘

图 3-35 铅笔手绘

2. 学会留飞白，这和水粉，油画，甚至和重彩也不一样，画面不必被颜色填满用笔要活，这样无色胜有色，这样的初衷其实是为了减少工作量加快创作时间，但是用得好，会有意想不到的效果。

3. 铅笔铺色调子时候注意，要时刻记住只明确黑白灰关系，不要像素描那样深入刻画进去，当时我学画时候被要求“黑”面铅笔也不能铺调子超过三层（横竖斜），但是经过几年的摸索，我觉得两层就足够。

4. 学会复杂的事物抽象化，概括化，没必要细致入微，淡彩简单地说是大色调，大印象，而不是超级现实主义。

5. 常涮笔，并保持颜料的纯洁，不要让颜色相互污染，这是个人习惯的问题，要从开始就注意，否则以后想改就难了。

注意的问题：

铅笔淡彩稿不必画得太深入，只需要勾画出简单的明暗调子，上色基本是平涂，色一定要薄而透明，不要画脏了，如果一片颜色上好后需要加颜色使它变的更深的话，什么时候去上色就很重要了，如果在画面非常潮湿的时候去上，那么就容易把颜色混在一起，造成画面浑浊，脏的感觉来影响到画面的效果，控制好水分，一般在半干的时候衔接另一块颜色比较好。画好的颜色要依稀看出铅笔的线条，体现铅笔淡彩的特点。（图 3-36 ~ 图 3-38）

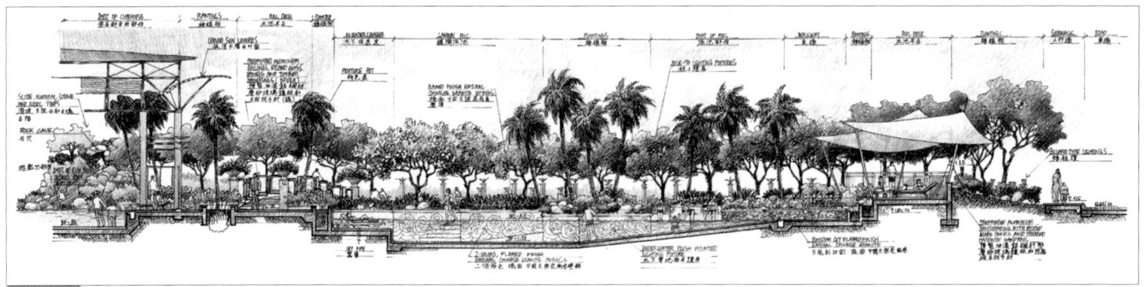

图 3-36 铅笔手绘

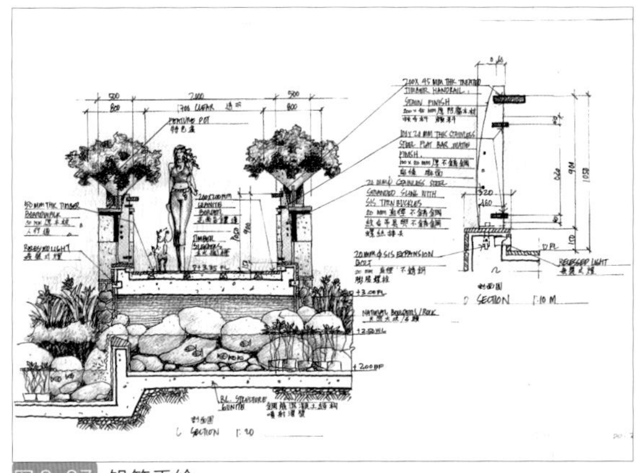

图 3-37 铅笔手绘

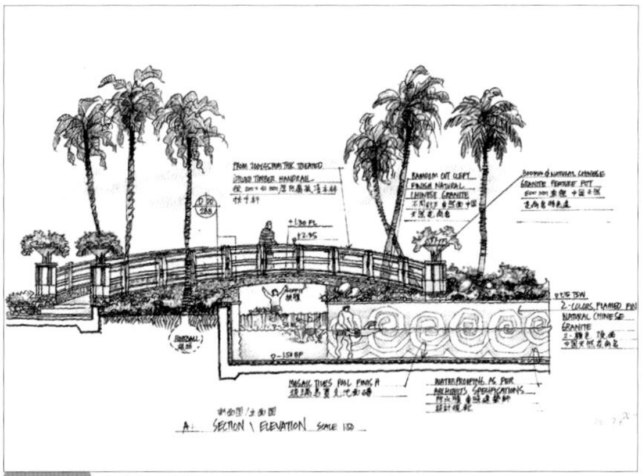

图 3-38 铅笔手绘

彩铅的用法有多种，单纯地用来画草图线稿可以画得很飘逸，这比较适合画曲线比较多、体量较大但是细节较少的东西，最典型的就是毛面、粗糙之类的东西了，彩铅也是在室内设计前期用得最多的工具了。画这种图，一定要让每一笔都以飞快的速度完成，一笔就是一笔，在不必加深的情况下就不应该有线条的重复，以保证画面的清晰和干净。

第二种就是用彩铅画细节比较多的形体，按彩铅的特性来说，彩铅是不太适合于画这类东西的，但是如果技巧掌握得比较好，就非常的出彩，因为彩铅是可以无限制地加深线条，通过把黑的地方画得很黑，把亮部留出来，强烈的明暗对比会使画面非常具有冲击力，同时也非常透气。但是这里也要求线条的速度非常快，不能拖泥带水地画某根线。有些线条非常短，就用那种小射线画，可以让人感觉得到光的方向。

把彩铅和马克笔一起用，由于彩铅的粉末很容易污染马克笔的笔刷，所以这两种笔一起用的时候不宜把彩铅的底稿画得过深。当然有时为了体现强烈的明暗变化有需要画得很深，那可以只用少量的马克笔（此时用灰色，暖灰或者冷灰）把部分的立体感画出来，而且石材的纹理都需要用彩铅来刻画，这样能刻画出比较生动的纹理以及比较细致的光泽度。

计算机辅助设计软件

计算机辅助设计（Computer Aided Design）指利用计算机及其图形设备帮助设计人员进行设计工作。在设计中通常要用计算机对不同方案进行大量的计算、分析和比较，以决定最优方案；各种设计信息，不论是数字的、文字的或图形的，都能存放在计算机的内存或外存里，并能快速地检索；设计人员通常用草图开始设计，将草图变为工作图的繁重工作可以交给计算机完成；由计算机自动产生的设计结果，可以快速做出图形，使设计人员及时对设计做出判断和修改；利用计算机可以进行与图形的编辑、放大、缩小、平移、复制和旋转等有关的图形数据加工工作。

环境艺术设计中，借助于计算机的表现方式较之传统的表现方式有哪些不同？

4.1 Photoshop

1. 计算机影像处理与合成系统可以将照片输入计算机，直接在真实的透视图上进行快速设计，设计理念和表现都直接用真实的方式表达，尽可能避免前述淡化问题或人为美化现象。

2. 计算机生成模型弥补了传统模型的一些不足，它可以改变多个视角，以获得许许多多不同的透视效果。

3. 在计算机模型中，可以模拟人的视点转换设置路径，将路径上每个设定视点的透视效果图一张张存起来，制作成动画，连续播放出来，就是人们游览整个环境的视觉感受过程。

4. 它可以被用来做设计筹备阶段的资料分析，数据整理，制定文字表格等工作。

5. 计算机表现效果有时因过于理性化而显得呆板。传统的手工表现方式，有着很强的艺术性，有时它的随意性更能给设计师带来创作灵感。

Photoshop 简称 PS，是个功能非常强大的图片处理、合成、编辑软件，它对于效果图制作人员意义优为重大。Adobe Photoshop，简称“PS”，是由 Adobe Systemsv 开发和发行的图像处理软件。(图 4-1、图 4-2)

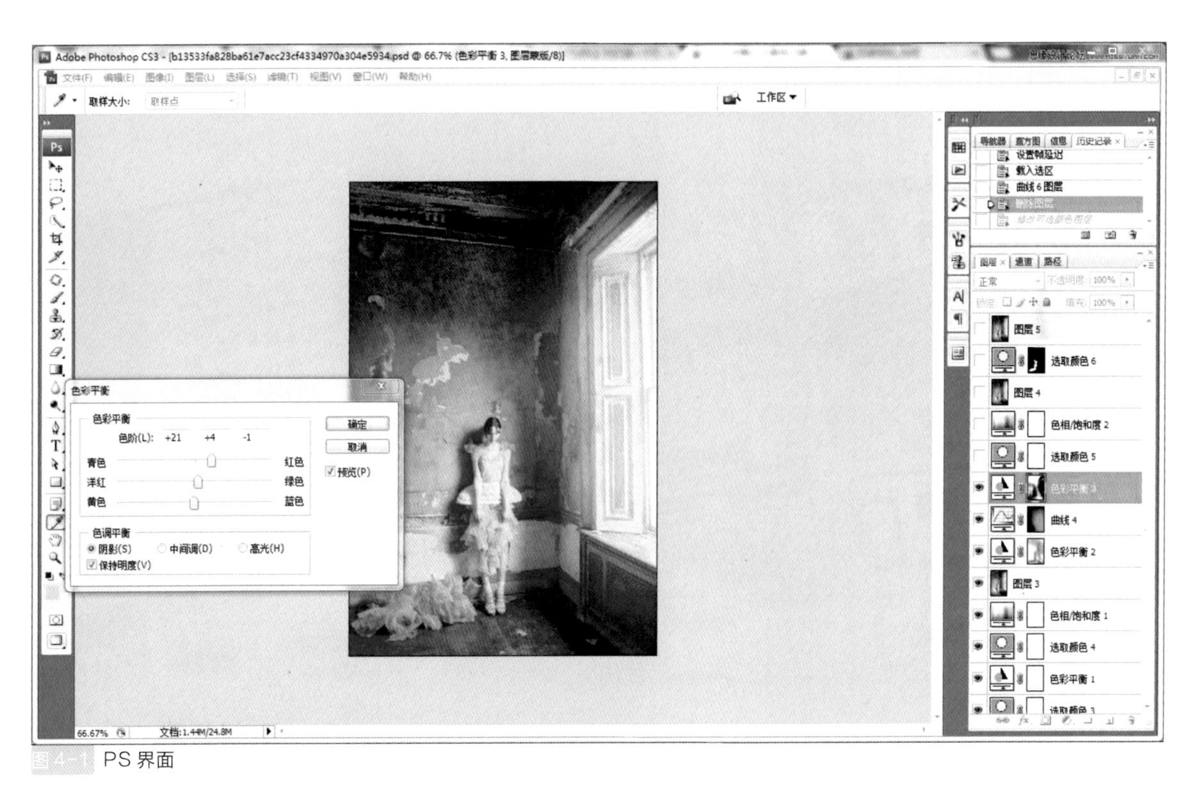

图 4-1 PS 界面

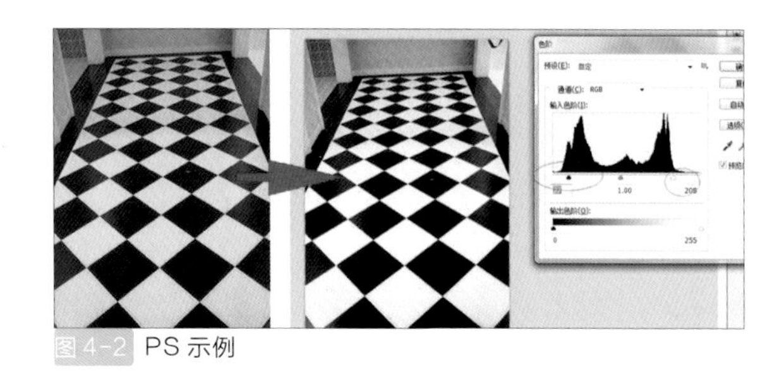
图 4-2 PS 示例

Photoshop 主要处理以像素所构成的数字图像。使用其众多的编修与绘图工具，可以有效地进行图片编辑工作。PS 有很多功能，在平面设计、广告摄影、影像创意、网页制作、后期修饰、视觉创意、界面设计等各方面都有涉及。

2003 年，Adobe Photoshop 8 被更名为 Adobe Photoshop CS。2013 年 7 月，Adobe 公司推出了新版本的 Photoshop CC，自此，Photoshop CS6 作为 Adobe CS 系列的最后一个版本被新的 CC 系列取代。

从功能上看，该软件可分为图像编辑、图像合成、校色调色及功能色效制作部分等。图像编辑是图像处理的基础，可以对图像做各种变换如放大、缩小、旋转、倾斜、镜像、透视等；也可进行复制、去除斑点、修补、修饰图像的残损等。

图像合成则是将几幅图像通过图层操作、工具应用合成完整的、传达明确意义的图像，这是美术设计的必经之路；该软件提供的绘图工具让外来图像与创意很好地融合。校色调色可方便快捷地对图像的颜色进行明暗、色偏的调整和校正，也可在不同颜色进行切换以满足图像在不同领域如网页设计、印刷、多媒体等方面应用。特效制作在该软件中主要由滤镜、通道及工具综合应用完成。包括图像的特效创意和特效字的制作，如油画、浮雕、石膏画、素描等常用的传统美术技巧都可借由该软件特效完成。

Photoshop 在环境设计中常被用来处理室内、景观效果图，各彩色平面图、功能分区图的制作以及设计方案的排版。(图 4-3、图 4-4)

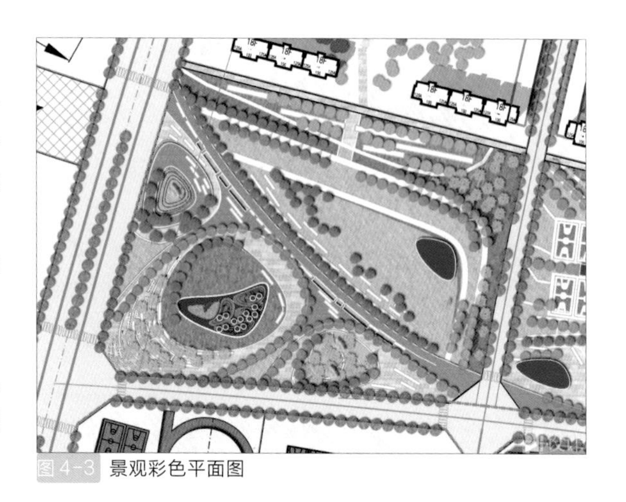
图 4-3 景观彩色平面图

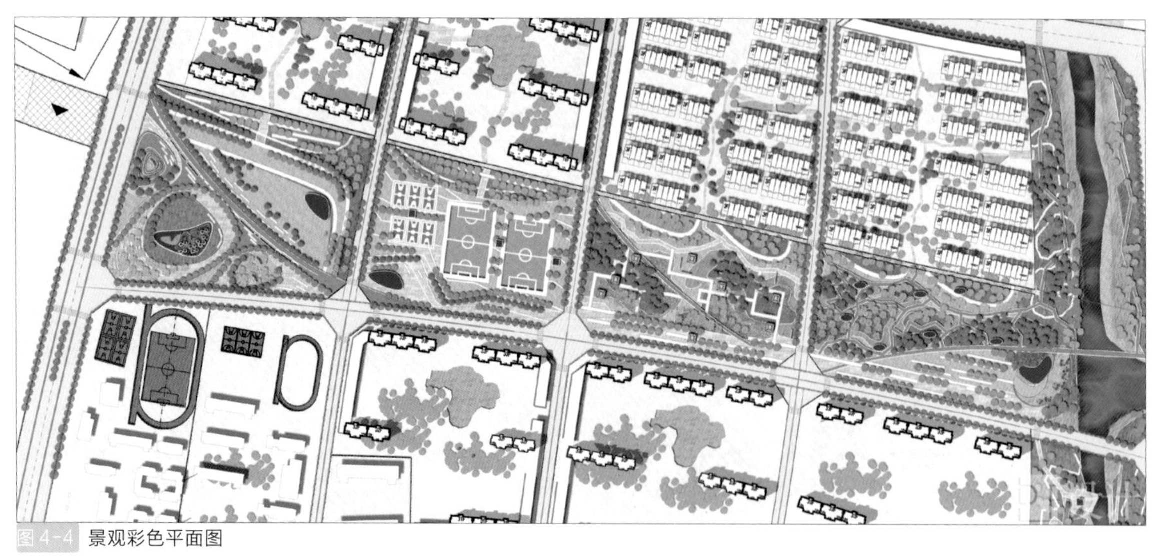
图 4-4 景观彩色平面图

4.2 CAD

CAD（Computer Aided Design）计算机辅助设计技术作为杰出的工程技术成就，已广泛地应用于工程设计的各个领域。CAD 系统的发展和应用使传统的产品设计方法与生产模式发生了深刻的变化，产生了巨大的社会经济效益。目前 CAD 技术研究热点有计算机辅助概念设计、计算机支持的协同设计、海量信息存储、管理及检索、设计研究及其相关问题、支持创新设计等。可以预见技术将有新的飞跃，同时还会引起一场设计变革。（图 4-5）

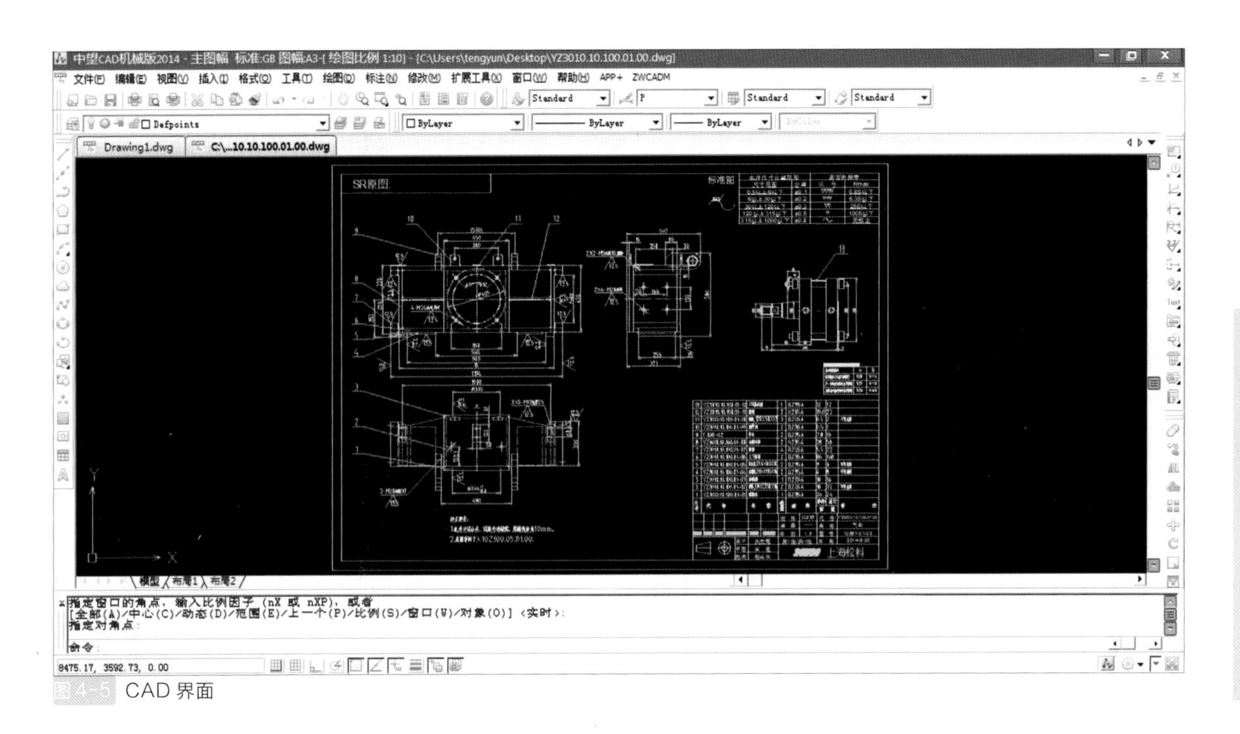

图 4-5 CAD 界面

CAD 技术一直处于不断发展与探索之中。应用 CAD 技术起到了提高企业设计效率、优化设计方案、减轻技术人员的劳动强度、缩短设计周期、加强设计标准化等作用。越来越多的人认识到 CAD 是一种巨大的生产力。CAD 技术已经广泛地应用在机械、电子、航天、化工、建筑等行业。并行设计、协同设计、智能设计、虚拟设计、敏捷设计、全生命周期设计等设计方法代表了现代产品设计模式的发展方向。随着人工智能、多媒体、虚拟现实、信息等技术的进一步发展，CAD 技术必然朝着集成化、智能化、协同化的方向发展。企业 CAD 和 CIMS 技术必须走一条以电子商务为目标、循序渐进的道路。从企业内部出发，实现集成化、智能化和网络化的管理，用电子商务跨越企业的边界，实现真正意义上的面向客户、企业内部和供应商之间的敏捷供应链。

CAD（Computer Aided Design，计算机辅助设计）诞生于 20 世纪 60 年代，是美国麻省理工学院提出的交互式图形学的研究计划，由于当时硬件设施昂贵，只有美国通用汽车公司和美国波音航空公司使用自行开发的交互式绘图系统。

20 世纪 70 年代，小型计算机费用下降，美国工业界才开始广泛使用交互式绘图系统。

20 世纪 80 年代，由于 PC 机的应用，CAD（计算机辅助设计）得以迅速发展，出现了专门从事 CAD 系统开发的公司。当时 VersaCAD 是专业的 CAD 制作公司，所开发的 CAD 软件功能强大，但由于其价格昂贵，故得不到普遍应用。而当时的 Autodesk（美国电脑软件公司）公司是一个仅有员工数人的小公司，其开发的 CAD 系统虽然功能有限，但因其可免费拷贝，故在社会得以广泛应用。同时，由于该系统的开放性，该 CAD 软件升级迅速。

设计者很早就开始使用计算机进行计算。有人认为（伊凡．萨瑟兰郡）Ivan Sutherland 在 1963 年在麻省理工学院开发的 Sketchpad（画板）是一个转折点。Sketchpad 的突出特性是它允许设计者用图形方式和计算机交互：设计可以用一枝光笔在阴极射线管屏幕上绘制到计算机里。实际上，这就是图形化用户界面的原型，而这种界面是现代 CAD 不可或缺的特性。

CAD 最早的应用是在汽车制造、航空航天以及电子工业的大公司中。随着计算机变得更便宜，应用范围也逐渐变广。

CAD 的实现技术从那个时候起经过了许多演变。这个领域刚开始的时候主要被用于产生和手绘的图纸相仿的图纸。计算机技术的发展使得计算机在设计活动中得到更有技巧的应用。如今，CAD 已经不仅仅用于绘图和显示，它开始进入设计者的专业知识中更“智能”的部分。

随着电脑科技的日益发展，性能的提升和更便宜的价格，许多公司已采用立体的绘图设计。以往，碍于电脑性能的限制，绘图软件只能停留在平面设计，而立体绘图则冲破了这一限制，令设计蓝图更实体化，3D 图纸绘制也能够表达出 2D 图纸无法绘制的曲面，能够更充分表达设计师的意图。

中国 CAD 技术起源于国外 CAD 平台技术基础上的二次开发，随着中国企业对 CAD 应用需求的提升，国内众多 CAD 技术开发商纷纷通过开发基于国外平台软件的二次开发产品让国内企业真正普及了 CAD，并逐渐涌现出一批真正优秀的 CAD 开发商。

在二次开发的基础上，部分国内顶尖的 CAD 开发商也逐渐探索出适合中国发展和需求模式的 CAD，更加符合国内企业使用的 CAD 产品，他们的目的是开发最好的 CAD，甚至是为全球提供最优的 CAD 技术。

至 2014 年不仅提供优秀的 CAD 平台软件技术，还一直以来积极推进国产 CAD 技术的发展，联合众多国产 CAD 二次开发商组成的国产 CAD 联盟，更是极大促进了国产 CAD 的发展壮大，为中国企业提供真正适合中国国情及应用需求的 CAD 解决方案。

在环境设计专业中 CAD 设计软件主要用来进行“三视图“的设计，即主视图，俯视图，左视图三个基本视图。（图 4-6~ 图 4-8 ）

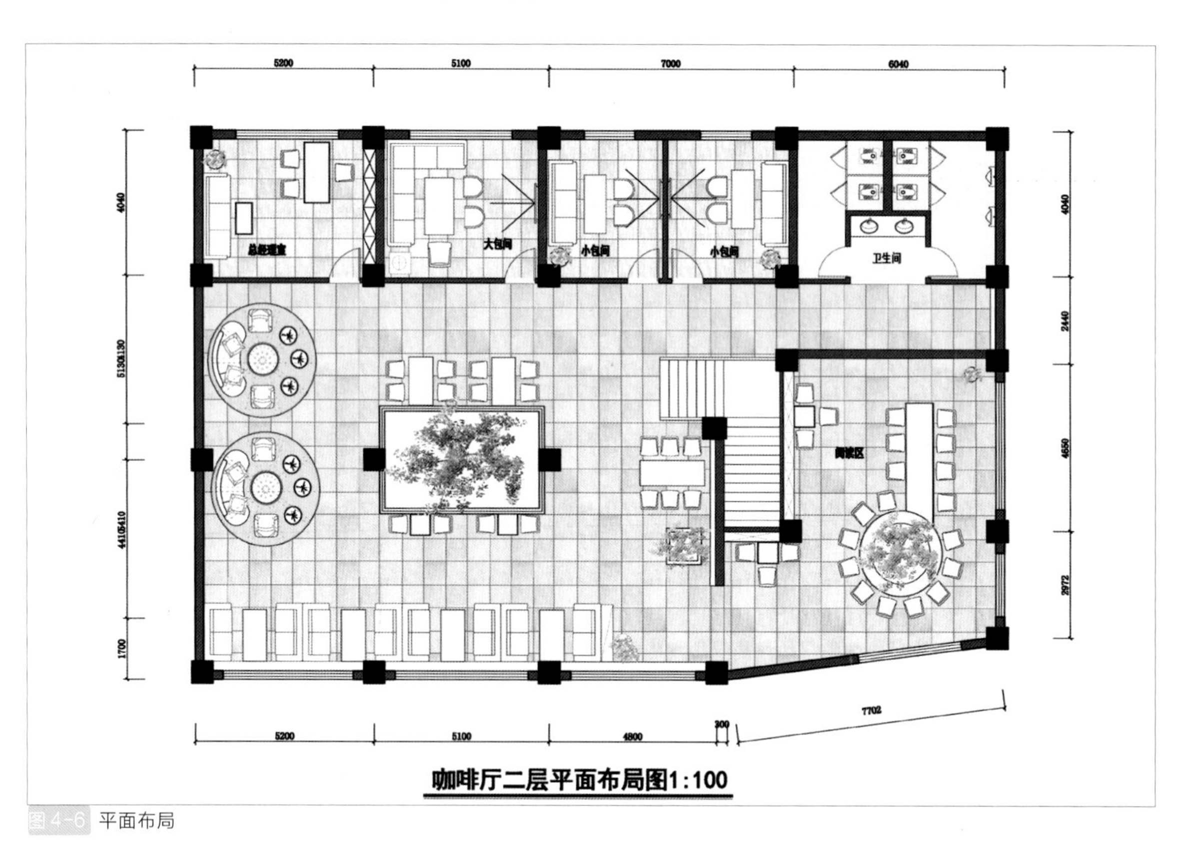

图 4-6 平面布局

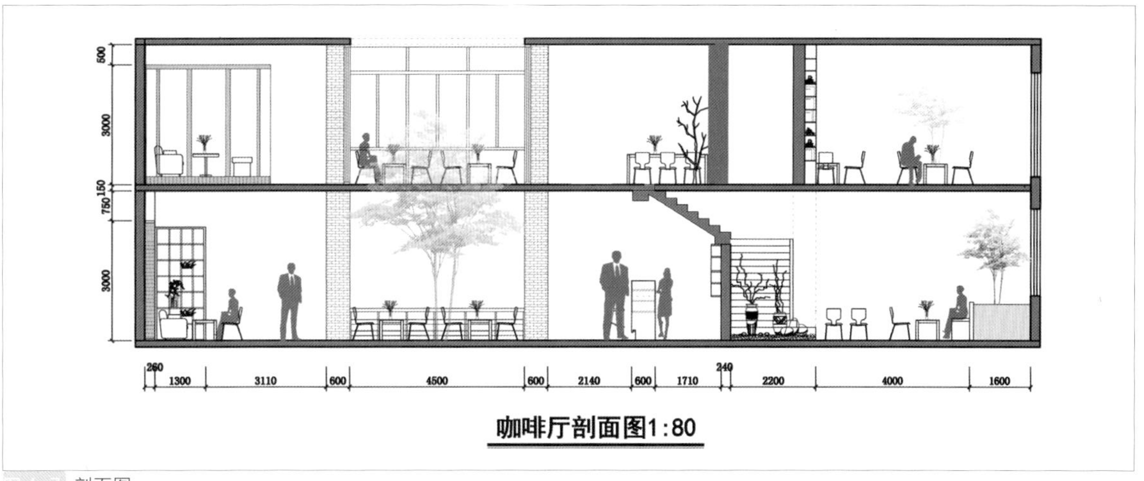

图 4-7 剖面图

图 4-8 效果图

用三个互相垂直的平面（例如墙角处的三面墙壁）作为投影面。其中正对着我们的叫作正面，正面下方的叫作水平面，右边的叫作侧面。一个物体（例如一个长方体）在三个投影面内同时进行正投影，在正面内得到的由前向后观察物体的视图，叫作主视图（从前面看）；在水平面内得到的由上向下观察物体的视图，叫作俯视图（从上面看）；在侧面内得到由左向右观察物体的视图，叫作左视图（从左面看）。

4.3 3D Max

3D Studio Max，是 Discreet 公司开发的（后被 Auto-desk 公司合并）基于 PC 系统的三维动画渲染和制作软件。

在应用范围方面，广泛应用于广告、影视、工业设计、建筑设计、多媒体制作、游戏、辅助教学以及工程可视化等领域。拥有强大功能的 3D Max 被广泛地应用于电视及娱乐业中。在影视特效方面也有一定的应用。而在国内发展的相对比较成熟的建筑效果图和建筑动画制作中，3D Max 的使用率更是占据了绝对的优势。

根据不同行业的应用特点对 3D Max 的掌握程度也有不同的要求，建筑方面的应用相对来说要局限性大一些，它只要求单帧的渲染效果和环境效果，只涉及比较简单的动画；片头动画和视频游戏应用中动画占的比例很大，北京申奥宣传动画就由 3D max 完成。室内设计方面在 3D max 等软件中，可以制作出 3D 模型，可用于室内设计、例如沙发模型、客厅模型等。

所以其优点总结有：（图 4-11、图 4-12）

1. 功能强大，扩展性好。建模功能强大，在角色动画方面具备很强的优势，另外丰富的插件也是其一大亮点。

2. 操作简单，容易上手。与强大的功能相比，3D Max 可以说是最容易上手的 3D 软件。

3. 和其他相关软件配合流畅。

4. 做出来的效果非常的逼真。

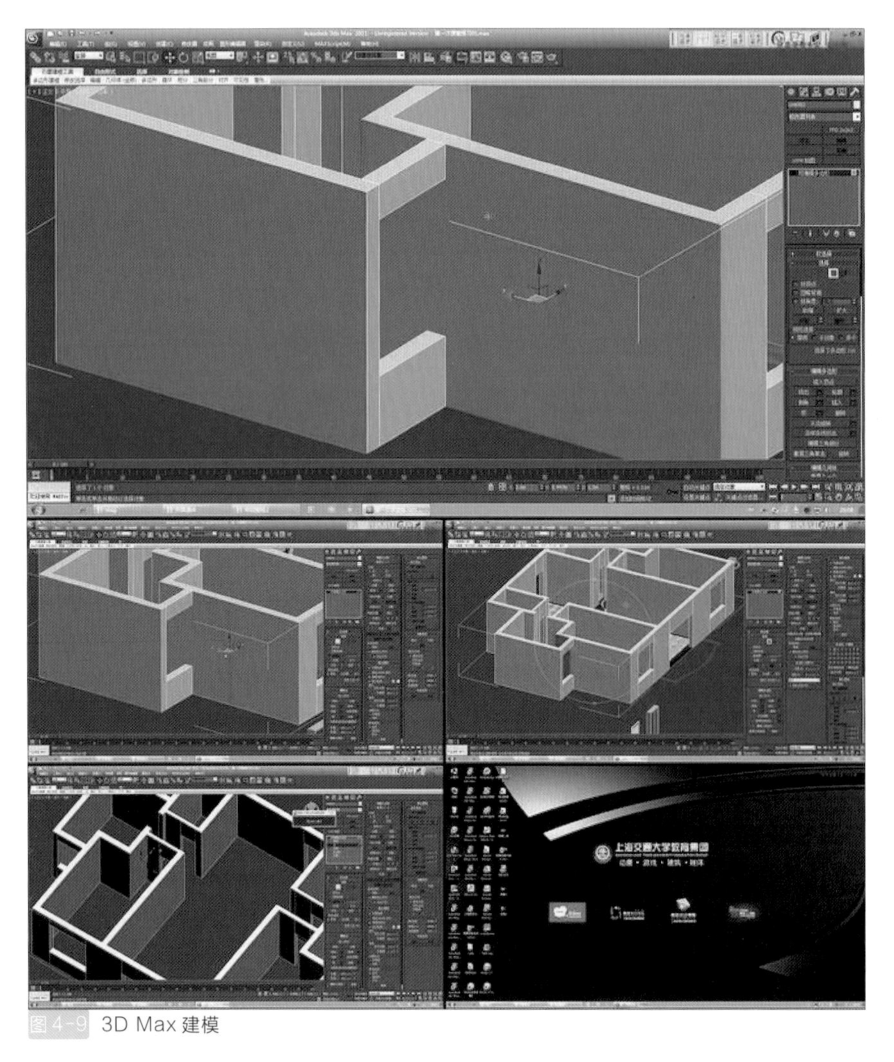

图 4-9 3D Max 建模

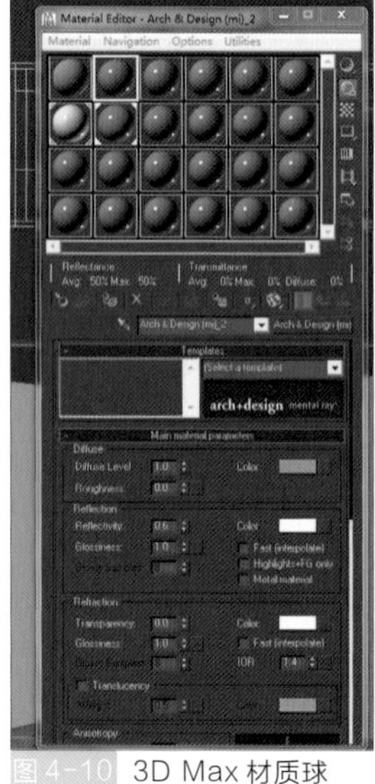

图 4-10 3D Max 材质球

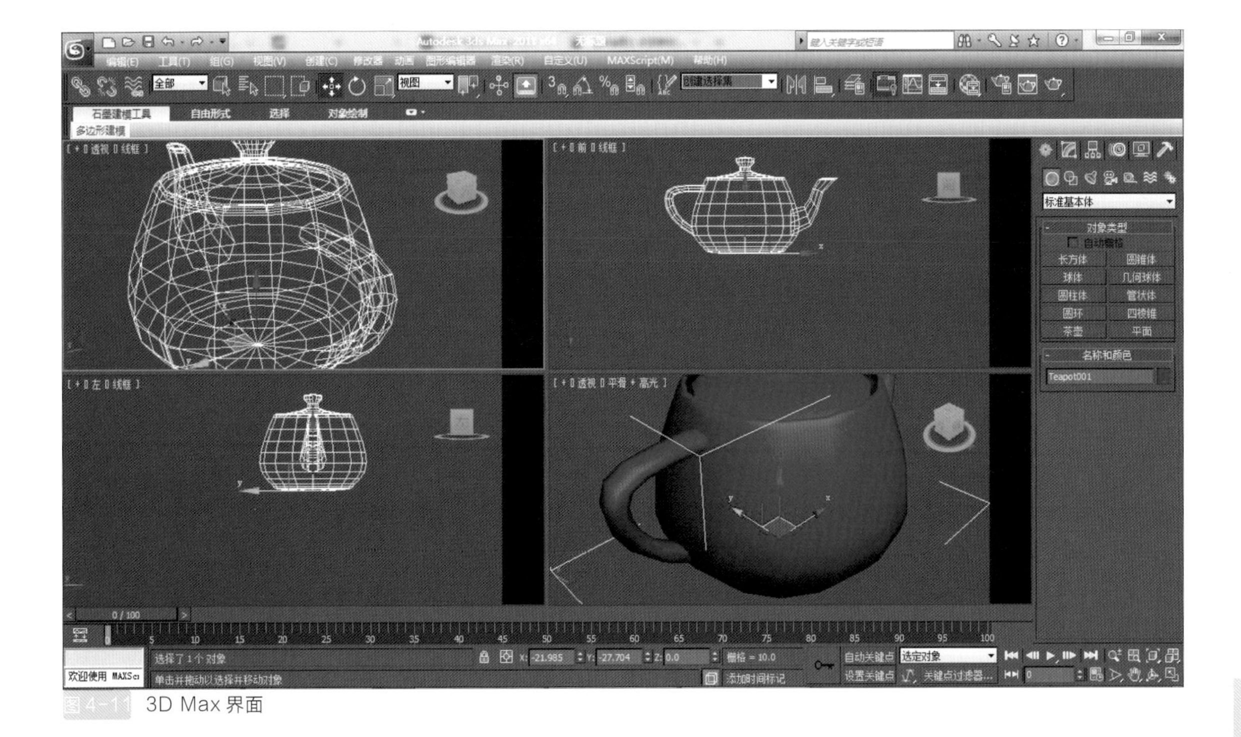

图 4-11 3D Max 界面

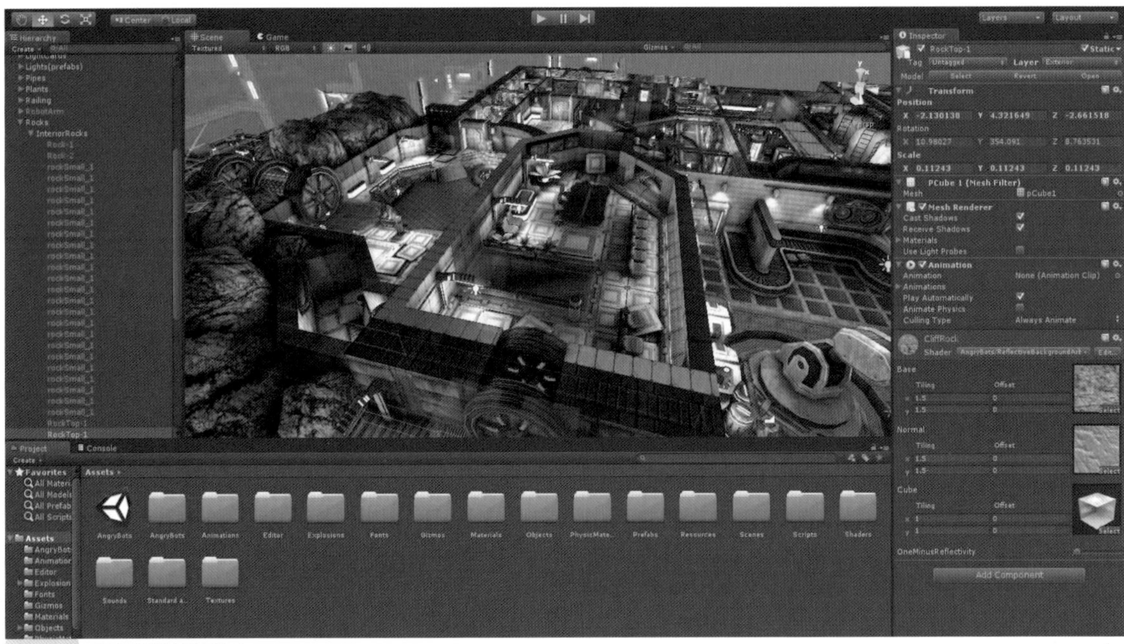

图 4-12 北京申奥宣传动画

4.4 V-ray 渲染器

V-ray 是目前业界最受欢迎的渲染引擎。基于 V-ray 内核开发的有 V-ray For 3D Max、Maya、Sketchup、Rhino 等诸多版本，为不同领域的优秀 3D 建模软件提供了高质量的图片和动画渲染。除此之外，V-ray 也可以提供单独的渲染程序，方便使用者渲染各种图片。V-ray 渲染器提供了一种特殊的材质——V-ray Mtl。在场景中使用该材质能够获得更加准确的物理照明（光能分布），更快的渲染，反射和折射参数调节更方便。使用 V-ray Mtl，你可以应用不同的纹理贴图，控制其反射和折射，增加凹凸贴图和置换贴图，强制直接全局照明计算，选择用于材质的 BRDF。（图 4-13、图 4-14）

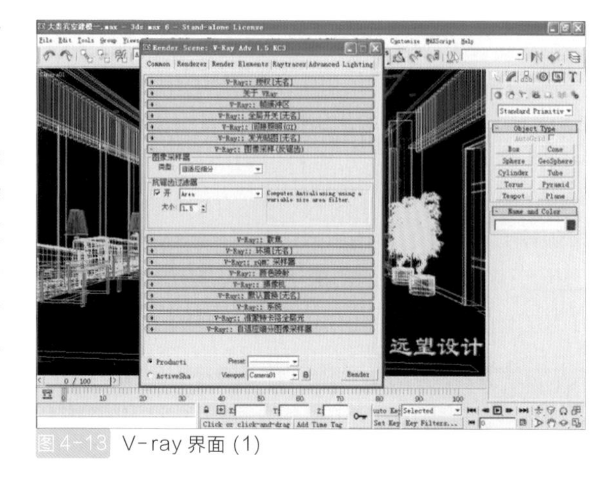

图 4-13 V-ray 界面 (1)

图 4-14 V-ray 界面 (2)

V-Ray 渲染器具有 3 种版本，分别是 Basic Package 版本、Advanced Package 版本和 Demo 版本。

Basic Package 版本：提供了基本的功能，价格比较低，适合学生和艺术爱好者使用。

Advanced Package 版本：除具有 Basic Package 版本所有功能外，还包含几种特殊功能，适合专业人员使用。

Demo 版本：为演示版本，提供完整的功能，但是会在渲染的图像上添加水印。

功能组成

V-Ray 渲染器由 7 个部分的功能组成，分别是：渲染器、对象、灯光、摄影机、材质贴图、大气特效和置换修改器。

渲染特色

V-Ray 渲染器的最大特点是较好地平衡了渲染品质与计算速度，V-Ray 提供了多种 GI 方式，这样在选择渲染方案时就比较灵活。既可以选择快速高效的渲染方案，也可以选择高品质的渲染方案。

工作流程

1. 创建或者打开一个场景

2. 指定 V-ray 渲染器

3. 设置材质

4. 把渲染器选项卡设置成测试阶段的参数：

①把图像采样器改为"固定模式"，把抗锯齿系数调低，并关闭材质反射、折射和默认灯。

②钩选 GI，将"首次反射"调整为 Lrradiance map 模式（发光贴图模式）。

调整 min rate（最小采样）和 max rate（最大采样）为 -6，-5，

同时"二次反射"调整为 QMC [准蒙特卡洛算法] 或 light cache[灯光缓冲模式]，降低细分。

5. 根据场景布置相应的灯光。

①开始布光时，从天光开始，然后逐步增加灯光，大体顺序为：天光——阳光——人工装饰光——补光。

②如环境明暗灯光不理想，可适当调整天光强度或提高曝光方式中的 Dark Multiplier（变暗倍增值），直至合适为止。

③打开反射、折射调整主要材质。

6. 根据实际的情况再次调整场景的灯光和材质。

7. 渲染并保存光子文件。

①设置保存光子文件。

②调整 Lrradiance map（光贴图模式），分钟 rate（最小采样）和 max rate（最大采样）为 -5，-1 或 -5，-2 或更高，同时把 [准蒙特卡洛算法] 或 [灯光缓冲模式] 的细分值调高，正式跑小图，保存光子文件。

8. 正式渲染（图 4-15、图 4-16）

（1）调高抗钜尺级别，

（2）设置出图的尺寸，

（3）调用光子文件渲染出大图。

图 4-15 V-Ray 渲染效果图 (1)

图 4-16 V-Ray 渲染效果图 (2)

4.5 SketchUp 草图大师

SKETCHUP 是一套直接面向设计方案创作过程的设计工具，其创作过程不仅能够充分表达设计师的思想而且完全满足与客户即时交流的需要，它使得设计师可以直接在电脑上进行十分直观的构思，是三维建筑设计方案创作的优秀工具。

SketchUp 是一个极受欢迎并且易于使用的 3D 设计软件，官方网站将它比喻作电子设计中的“铅笔”。它的主要卖点就是使用简便，人人都可以快速上手。并且用户可以将使用 SketchUp 创建的 3D 模型直接输出至 Google Earth 里，非常的便利。@Last Software 公司成立于 2000 年，规模较小，但却以 SketchUp 而闻名。（图 4-17、图 4-18）

图 4-18 Sketchup 效果图

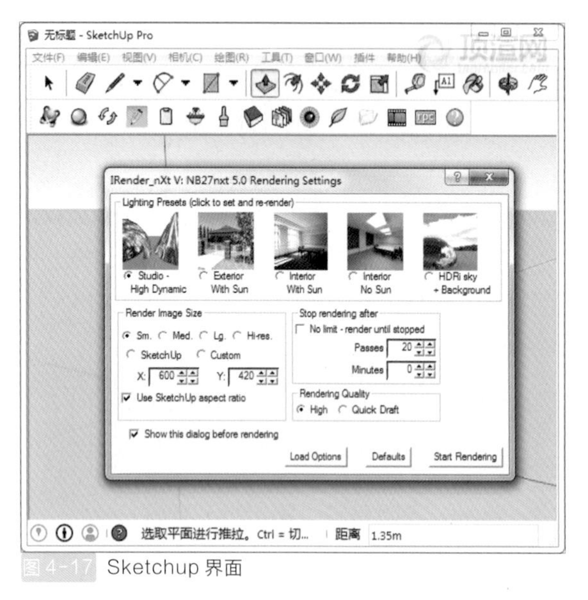

图 4-17 Sketchup 界面

在 AEC 软件应用程序领域中，特别是针对设计历程的探索 (Design Explorationprocess)，SketchUp 已经居于领导的地位，世界各地的许多公司与学校皆采用此工具进行设计的工作。从业余设计、居家环境的改善，到设计大型且复杂的住宅区、商业区、工业区与都会区等计划，皆可用此工具进行，并获得立体视觉化的效果。

喜欢手绘素描的设计者，在使用过 CAD 工具之后常会觉得麻烦而令人泄气。此时，他们将会爱上 SketchUp 的独特性与绘图方法。在此环境中，使用者不需要学习种类繁多、功能复杂的指令集，因为 SketchUp 将一套精简而强健的工具集和一套智慧 [推定] 导引系统（“Inference ” Guidancesystem）。如此便大大简化了 3D 绘图的过程，让使用者专注于设计上。因此，SketchUp 是一套设计的环境，不需要在教育训练与支援上做巨大的投资，就能够以动态地、创造性地探索 3D 模型（Form）或材料（Material）、灯光（Light）的界面。

Sketchup（G）增值版是一个由上海曼恒数字独家开发的全新 Sketchup 版本，目前 Sketchup（G）增值版已经开发至第三个版本 G3 版。在原有 G1 版 G2 版已经开发的十几个功能模块上，吸取用户反馈的意见，针对不同的设计行业特点进行了完善，并且继续增加了例如任意拉伸，创建等高线，贝塞尔曲面等功能模块，其中最突破性的变化是加入了最新 Sketchup 专用渲染器 Podium。这不仅提高了 Sketchup 对 cad 图纸的处理效率，也使建筑、规划、园林和景观甚至室内等专业的设计师在使用 Sketchup 时面临的快速建立复杂曲面模型，快速利用等高线建立地形等等问题时有了更为快捷简便的工具。而高级渲染器 Podium 的加入更为设计师提供了一个简单方便的途径，以取得设计概念的照片级表现效果产品特点。

1. 独特简洁的界面，可以让设计师短期内掌握。

2. 适用范围广阔，可以应用在建筑，规划，园林，景观，室内以及工业设计等领域。

3. 方便的推拉功能，设计师通过一个图形就可以方便的生成 3D 几何体，无须进行复杂的三维建模。

4. 快速生成任何位置的剖面，使设计者清楚的了解建筑的内部结构，可以随意生成二维剖面图并快速导入 AutoCAD 进行处理。

5. 与 AutoCAD，Revit，3DMax，Piranesi 等软件结合使用，快速导入和导出 Dwg，Dxf，Jpg，3DS 格式文件，实现方案构思，效果图与施工图绘制的完美结合，同时提供与 AutoCAD 和 Archicad 等设计工具的插件。

6. 自带大量门，窗，柱，家具等组件库和建筑肌理边线需要的材质库。

7. 轻松制作方案演示视频动画，全方位表达设计师的创作思路。

8. 具有草稿，线稿，透视，渲染等不同显示模式。

9. 准确定位阴影和日照，设计师可以根据建筑物所在地区和时间实时进行阴影和日照分析。

10. 简便的进行空间尺寸和文字的标注，并且标注部分始终面向设计者；丰富的 SketchUp 组件资源；Google SketchUp 软件同 3dmax 等三维制作软件同样，具有丰富的模型资源，在设计中可以直接调用、插入、复制等进行编辑任务。同时 Google 公司还建立的庞大的 3D 模型库集合了来自全球各个国家的模型资源，形成了一个很庞大的分享平台，不过遗憾的是，在搜索中尽量要使用英文单词输入关键字，才能快捷地找到自己需要的模型，这一点在国内还是给大家带来了很多不便。现在设计师们已经将 SketchUp 及其组件资源广泛应用于室内、室外、建筑等多领域中。（图 4-19~ 图 4-26）

图 4-19 SketchUp 效果图 1

图 4-20 SketchUp 效果图 2

图 4-21 SketchUp 效果图 3

图 4-22 SketchUp 效果图 4

图 4-23 SketchUp 效果图 5

图 4-24 SketchUp 效果图 6

图 4-25 SketchUp 效果图 7

4.6 Lumion

Lumion 是由一家荷兰的公司 Act-3D 公司设计开发。该公司同时也开发了 Quest3D 等其他实时三维图像技术软件。同样，Lumion 也是一个实时图像技术软件。Lumion 于 2010 年 11 月份发布，价格 799 欧元，2011 年 6 月 10 日发布 Lumion SP2，Lumion 的新产品 Lumion2 也即将发售。Act-3D 公司之所以开发出 Lumion 这款软件是因为他们的 Quest3D 软件将许多技术不高的从业人员拒之门外，只能被少数“专家”（Exports）使用，而他们开发 Lumion 是为了让更多的“普通人”（Normal People）能够熟练地掌握和应用。因此，Lumion 的发布短短的一年时间里，Lumion 以它的简单易学的操作，强大的功能，高效的渲染风靡整个景观界各大设计院与设计院校。

Lumion 的主要特点表现在渲染和场景创建的所需时间极短；支持从 Google SketchUp、Autodesk 产品和许多其他的 3D 软件包导入 3D 内容；拥有丰富的 3D 模型和材质；它通过使用快如闪电的 GPU 渲染技术，能够实时编辑 3D 场景；可以直接使用其内置的视频编辑器，创建视频；输出 HD MP4 文件，立体视频和打印高分辨率图像；支持现场演示功能。

1.Lumion 的工作原理与主流全局光渲染器的对比

Lumion 与现在主流全局光渲染器不同的是，他和许多动画游戏软件使用了相近或相同的技术，是采用显卡生成场景模型进行渲染，通过 Lumion 的引擎，将显卡形成的图像存成高质量的图像和动画。

Lumion 所采用的显示卡的实时仿真技术来产生近似的渲染结果与全局光渲染器通过 CPU 的精确模拟计算来产生渲染结果相比，由于产生的是一个近似结果而非精确结果，因此，计算量要远远少于全局光渲染器，因此在速度上要比全局光渲染器快很多。虽然 V-ray 也支持的 GPU 的渲染，但他仅仅是将运算任务从 CPU 分散到了 GPU 上，但是计算任务并没有减少，因此，速度仍比不上 Lumion，而且也不能产生实时的图像效果。

虽然 Lumion 使用的显卡的仿真技术产生的效果仅仅是个近似效果，但是，随着显卡显示技术的提升，所产生的效果会越来越接近真实效果。现在显卡所产生的效果完全能够满足我们景观可视化需要表达出来的效果。

Act-3D 的技术总监 Remko Jacobs 说，“我相信我们创造了非常特别的东西。这个软件的最大优点就在于人们能够直接预览并且节省时间和精力。”

Act-3D 刚刚发布了关于即将到来的建筑可视化软件 Lumion 的更多细节。Lumion 是一个实时的 3D 可视化工具，用来制作电影和静帧作品，涉及到的领域包括建筑、规划和设计。它也可以传递现场演示。Lumion 的强大就在于它能够提供优秀的图像，并将快速和高效工作流程结合在了一起，为你节省时间、精力和金钱。

人们能够直接在自己的电脑上创建虚拟现实。通过渲染高清电影比以前更快，Lumion 大幅降低了制作时间。视频演示了你可以在短短几秒内就创造惊人的建筑可视化效果。

3D Max 与 Lumion 在景观表现上的对比

风景园林要求软件所具备的特点

一款真正使用与风景园林设计的软件应该具备怎样的特点呢？我们首先分析下风景园林行业在制作效果图和动画方面所特有的特点：

多植物、地形、水体、天光、云雾等自然气候条件的表现希望可视性强工程设计周期有限，效果图及动画制作周期短。

我们将 3D Max 与 Lumion 在这几条特点中进行对比，可以发现：

3D Max 对建筑、植物、天气等一切要素均需要建模处理，才能进行表现；而 Lumion 所具有的素材库则涵盖了许多配景要素，可以省去对这些配景进行建模的时间。同时，其对于天光和自然的模拟十分逼真，设置也十分简单、快捷。（图 4-26）

因此 Lumion 在制作景观动画和效果图上与 3Dsmax 相比有很高的优越性。

图 4-26 Lumion

2. 进行景观动画制作所涉及的软件

功能	3D Max	Lumion
建模	AutoCAD、3D Max、SpeedTree、DreamScape 等等	AutoCAD、Sketchup、3D Max、SpeedTree 等等
渲染	3D max、V-ray、Vue 等	Lumion
动画制作及后期处理	Photoshop、After Effects、Premiere 等	Photoshop、Lumion、After Effects、Preminere

（1）建模软件：在建模方面，Lumion 不足在于其只是一个渲染软件，没有建模功能，只能将在建模软件中搭建好的模型导入其中。若模型出现问题需要更改时，需要用建模软件进行更改，并在 Lumion 中进行更新。更新的过程中容易出现素材混乱的情况，比较麻烦。但是抛开这些不便的地方，Lumion 所支持的建模软件涵盖从简单易学到高端精确的各种层次软件，同时，Lumion 可以添加还原度很高的树、建筑、汽车、人物等模型素材，省去了建模过程中对于树和许多环境配景的建模工作。

3D Max 则可以在一个软件之中就完成景观动画、效果图的建模、渲染工作，比较方便。

（2）渲染软件：在渲染方面，3D Max 可以使用本省自带的 Scanline 渲染器也可使用与其搭载的全局光渲染器。而 Lumion 不需要使用其他渲染器就可达到一个很好的效果。

（3）后期处理软件：在后期处理方面，效果图的后期处理均可使用 Photoshop 软件；在动画的后期处理上，也均可采用 After Effects 等后期软件处理，但是，Lumion 本身自带有许多后期效果，可以在制作动画的过程中就对其添加后期效果，因此简单的动画可以不使用后期效果软件就可以达到很好的效果。

3. 操作界面与操作

由于 3D Max 功能多，因此界面比较复杂。（图 4-27）

Lumion 界面十分简洁，便于操作。（图 4-28）

图 4-27 3D Max 界面

图 4-28 Lumion 界面

在操作上，3D Max 鼠标与快捷键同时使用可达到较为快捷的程度，而 Lumion 仅需要鼠标即可完成全部渲染工作。其是叫转换、种树、调整参数均与游戏界面十分类似，因此，进行一个景观动画的渲染就如同在玩一个 3D 游戏一样轻松。

制作动画的时间

首先按常规估算：

使用 3D Max Scanline 进行渲染：平均渲染 1 帧为 2 分钟，1 秒的动画为 60 分钟，1 分钟的动画为 60 小时，10 分钟的动画则需要 600 小时。

使用 Lumion 进行渲染（使用中等显卡）：渲染 1 帧为 10 秒，1 秒的动画需要 5 分钟，1 分钟的动画需要 5 小时，10 分钟的动画需要 50 小时。

两者对比，Lumion 的速度优势是显而易见的。

下面进行实际测试：

条件	Lumion	3D Max
1280 效果图	10s	3min
1920 效果图	25s	6min
3840 效果图	60s	23min
640 动画	2s/ 帧	4min/ 帧
1280 动画	5s/ 帧	11min/ 帧
1920 动画	8s/ 帧	18min/ 帧

由此也可直观地看出 Lumion 在渲染效果图和动画上面的速度优势。

动画制作方面

在动画制作方面，3D Max 需要加设摄像机、设置精确路径、设置关键帧等步骤比较复杂，但是可以完成精确的动画动作。

Lumion 无须各种精确的设置，直接依靠关键帧之间的自动连接形成动画，人物、骑车等的动作仅能进行直线运动，这大大限制了 Lumion 制作动画的效果和质量。（图 4-29~图 4-31）

随着景观行业的发展，效率与质量并重，景观动画设计软件才能真正在行业中站稳脚跟。同样，简单易学也成了一款软件能否普及的一个重要因素。因此拥有着强大的功能、为景观量身打造、简单易学的亲民软件 Lumion 必将在今后的景观动画效果市场大展拳脚，成为既 3D Max 之后的又一广泛使用的软件。随着 Lumion 的不断更新与完善，其必将逐渐在低端项目中取代 3D Max，成为最广泛使用的景观动画制作软件。但是，由于其自身的局限，在高端的建模、景观动画项目中，3D Max 以其精确、逼真的优点仍然占据着不可撼动的地位。

图 4-29 Lumion 效果图 (1)

图 4-30 Lumion 效果图 (2)

图 4-31 Lumion 效果图 (3)

4.7 VR、AR

4.7.1 增强现实与虚拟实境

增强现实（Augmented Reality，简称 AR）也被称为扩增现实（中国台湾地区）。这种技术由 1990 年提出。随着随身电子产品运算能力的提升，预期增强现实的用途将会越来越广。增强现实技术，它是一种将真实世界信息和虚拟世界信息“无缝”集成的新技术，是把原本在现实世界的一定时间空间范围内很难体验到的实体信息（视觉信息，声音，味道，触觉等），通过电脑等科学技术，模拟仿真后再叠加，将虚拟的信息应用到真实世界，被人类感官所感知，从而达到超越现实的感官体验。真实的环境和虚拟的物体实时地叠加到了同一个画面或空间同时存在。（图 4-33）

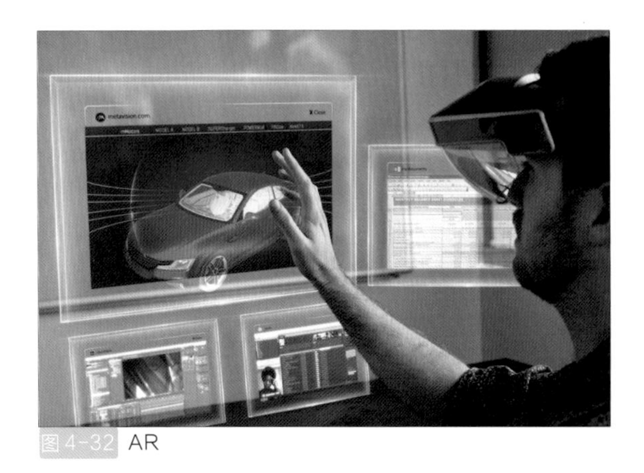

图 4-32 AR

虚拟实境（Virtual Reality，缩写为 VR），简称虚拟技术，也称虚拟环境，是利用电脑模拟产生一个三维空间的虚拟世界，提供用户关于视觉等感官的模拟，让用户感觉仿佛身历其境。用户进行位置移动时，电脑可以立即进行复杂的运算，将精确的三维世界视频传回产生临场感。该技术集成了计算机图形、计算机仿真、人工智能、感应、显示及网络并行处理等技术的最新发展成果，是一种由计算机技术辅助生成的高技术模拟系统。（图 4-34）

图 4-33 VR 设备

虚拟现实技术是仿真技术的一个重要方向是仿真技术与计算机图形学、人机接口技术、多媒体技术、传感技术、网络技术等多种技术的集合是一门富有挑战性的交叉技术前沿学科和研究领域。虚拟现实技术（VR）主要包括模拟环境、感知、自然技能和传感设备等方面。模拟环境是由计算机生成的、实时动态的三维立体逼真图像。感知是指理想的 VR 应该具有一切人所具有的感知。除计算机图形技术所生成的视觉感知外，还有听觉、触觉、力觉、运动等感知，甚至还包括嗅觉和味觉等，也称为多感知。自然技能是指人的头部转动，眼睛、手势或其他人体行为动作，由计算机来处理与参与者的动作相适应的数据，并对用户的输入做出实时响应，并分别反馈到用户的五官。传感设备是指三维交互设备。

4.7.2 VR（虚拟现实）和 AR（增强现实）的区别

简单来说，虚拟现实（VR），看到的场景和人物全是假的，是把你的意识代入一个虚拟的世界。增强现实（AR），看到的场景和人物一部分是真一部分是假，是把虚拟的信息带入到现实世界中。

1. 交互区别

VR 设备：因为 VR 是纯虚拟场景，所以 VR 装备更多的是用于用户与虚拟场景的互动交互，更多的使用是：位置跟踪器、数据手套（5DT 之类的）、动捕系统、数据头盔等等。

AR 设备：由于 AR 是现实场景和虚拟场景的结合，所以基本都需要摄像头，在摄像头拍摄的画面基础上，结合虚拟画面进行展示和互动，比如 Google Glass 这些（其实严格地来说，IPAD，手机这些带摄像头的只能产品，都可以用于 AR，只要安装 AR 的软件就可以）。

2. 技术区别

类似于游戏制作，创作出一个虚拟场景供人体验，其核心是 Graphics 的各项技术的发挥。和我们接触最多的就是应用在游戏上，可以说是传统游戏娱乐设备的一个升级版，主要关注虚拟场景是否有良好的体验。而与真实场景是否相关，他们并不关心。VR 设备往往是浸入式的，典型的设备就是 Oculus Rift。

AR 应用了很多 Computer Vision 的技术。AR 设备强调复原人类的视觉的功能，比如自动去识别跟踪物体，而不是我手动去指出；自主跟踪并且对周围真实场景进行 3D 建模，而不是我打开 Maya 照着场景做一个极为相似的。典型的 AR 设备就是普通移动端手机，升级版如 Google Project Tango。而 VR 技术已经越来越多的应用在室内设计上，通过 VR 软件的处理，将几张效果图叠加，就可以得到类似于实境的效果。（图 4-34~图 4-39）

图 4-34 VR 软件

图 4-35 VR 休闲区

图 4-36 VR 展厅

图 4-37 VR 茶室

图 4-38 VR 大堂

图 4-39 VR 套房

05 设计方法

5.1 设计程序与方法

5.1.1 设计程序

1. 与业主接触。

2. 设计准备阶段——项目前期分析：研究与分析（基地调查）基本图准备、基地分类（资料收集）及分析评估、与业主访谈、课题发展。

3. 方案设计阶段——全局性问题：理想的功能图解、相关的功能图解、概念图、造型组合研究、设计草案、主要计划、细部设计、效果图、平面图、立面图、剖面图、模型。

4. 施工图设计阶段：界面材料与设备位置、界面层次与材料构造、细部尺寸与图案样式。

5. 设计实施阶段：施工、植物栽种（景观）。

6. 维护。

7. 评估（施工后）。

5.1.2 环境设计方法

1. 设计师创造能力的培养

创造力的开发是一项系统工程，它既要研究创造理论，又要结合哲学、科学方法论、自然辩证法、生理学等自然科学学科与美学、心理学、文学等人文科学学科的综合知识，另一方面又要结合每个人自身的情况，进行创造力的开发与引导、培养和扶植。（图 5-1、图 5-2）

图 5-1 设计组成

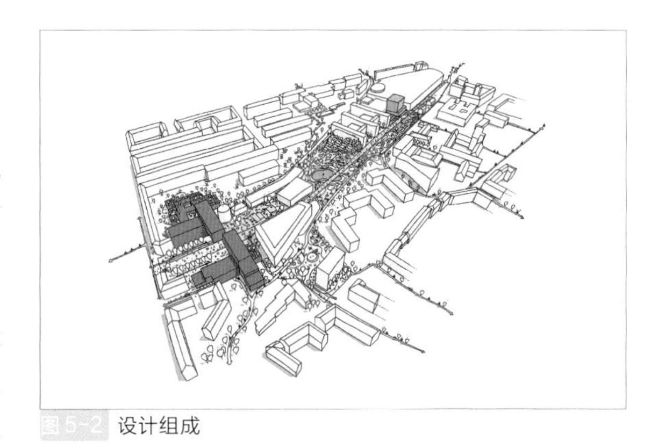
图 5-2 设计组成

（1）解决问题能力的培养

提出问题，是打开想象大门的第一步。生疑提问法在认识活动中具有重大作用，是设计师值得研究和实践的。（图 5-3）

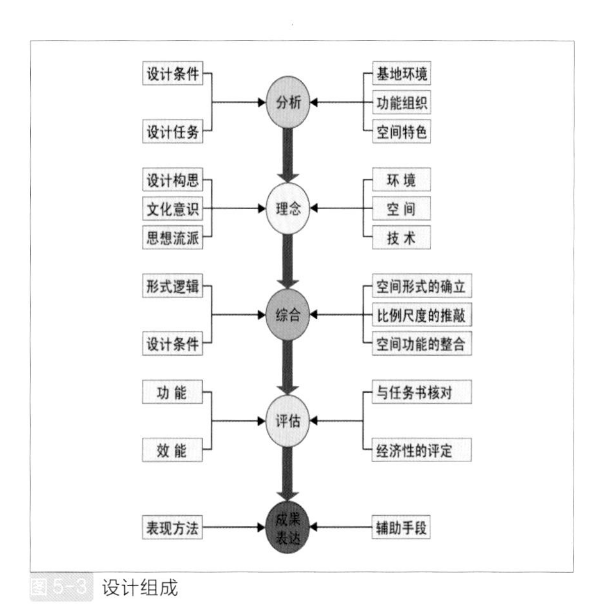

图 5-3 设计组成

（2）环境设计体系

设计方法的研究是从 20 世纪初开始的，进入 60 年代以后，初步建立了科学的研究和理论体系。至今形成了不同的设计方法流派。主要包括：

首先是“计算机辅助设计流派”。如“属性列举法”；

其次是“智力激励法”；

再次是“主流设计流派”，该派主张设计中主客观的结合；

另外还有参与设计法、可靠性设计法、技术预测法等。

（3）环境设计方法

环境空间设计是一种以满足需要为目标的理性创造行为。设计应充分地把握实质，只有彻底认识环境空间的特性方能采用正确有效的设计；从空间因素和条件综合分析，进行实际的空间计划和形式创造，才能达到一个理想的效果。环境空间作业程序可以分为以下三个阶段：分析阶段、设计阶段、制作阶段。

以合理利用景观植物在小庭院中进行空间分层为例：

植物分类实现植物多样化注意植物配置的季相景观，充分利用植物自身生长规律所产生的变化，例如花、果、叶、枝干随着四季在姿态、颜色、大小等的交替轮回。通过空间层次划分为前景、中景、背景，合理利用景观植物在小庭院中进行空间分层，在植物选择上，宜求精而忌繁杂，避免给人拥挤感。简约而不简单，精益求精是对此最好的诠释。在植物配植上，设计者还应特别注意该地区特有的梅雨季节，所以应该优先选择本土植物，本土植物对当地的气候条件、土壤条件和周边环境有很好的适应能力。下面介绍的植物大都符合此地区气候生长。从纵向上看，植物主要占据三个层次，乔木在最上面，灌木丛在中间，地被植物在最底层，攀爬植物点缀立体空间。

基于小庭院面积等因素的考虑，尽量选择种植一些小乔木，树长成后树高能控制在 5-10 米，不影响室内采光，比如紫薇、沙漠玫瑰花期都在 5-9 月，枝干优美、花色艳丽；而近年果树（橘子树、无花果树等）渐成庭院绿化“新宠”，逐渐在庭院绿化、美化中占据重要“席位”。灌木的选择可分为常绿灌木和小型花灌木，常绿灌木比如瓜子黄杨或冬青等用来作为种植式隔断，是创造庭院整体性的良好方式，在庭院边界或院内小径旁形成天然的功能分割起到围合空间、遮挡场地的作用。地被植物，在庭院中的布置面积比较大，有类似于“地毯”的作用，庭院中一些边缘角落和碎块地也适合用地被植物来填充。地被植物品种可选择性大，如麦冬、美女樱、五色梅、矮牵牛等草花类植物，主要欣赏其本身特有的自然美以及植物组合的群体美，配置在一起的各种花卉彼此间色彩、姿态、花期、质地不一，对活跃庭院空间环境、点缀环境绿化起着十分重要的作用。

只有充分考虑到以上诸多因素，才能较完美地设计环境景观空间布置。

（4）设计文书

设计说明书和设计图纸等文件的总称。（预算准确、完整的设计方案）

设计任务书告诉设计师该做什么；设计任务书是对甲方和乙方共同制约的法律文书；设计任务书的分析包括项目实施的因素、项目实施的功能分析。

项目实施的因素——社会政治经济背景；

设计者与委托者的文化素养；

经济技术条件；

形式与审美理想；

项目实施功能分析——社会环境功能分析；

建筑环境功能分析；

室内环境功能分析；

技术装备改变分析。

（5）设计技法

①从规划到设计

对整个设计工程进行规划，对各个阶段进行管理，在期限内完成目标；

设计工作并非是从设计图到表现成品的过程，而是从发现问题——解决问题的思考过程，就可以充分发挥设计师的创造力；

图式思维：帮助设计师解决构思和表现问题，迅速捕捉灵感，将思维中动荡不定的想法变为一种直观的现象。（图 5-4 图 5-5）

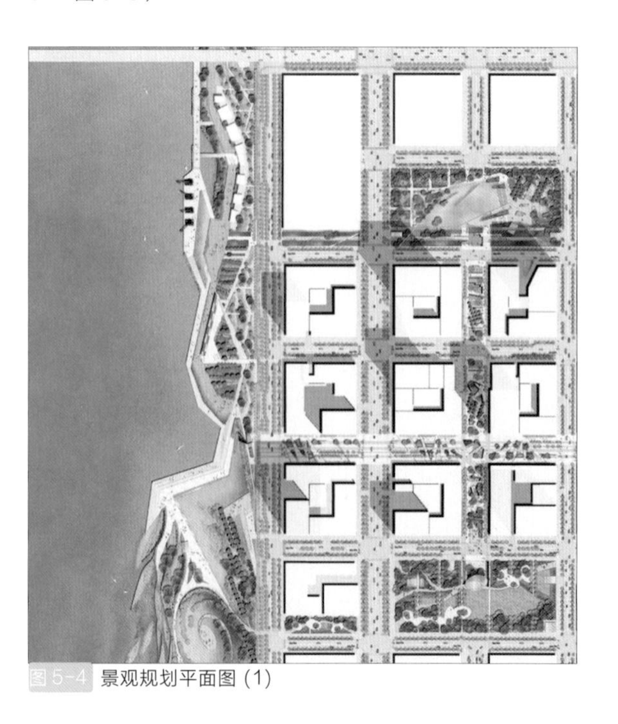

图 5-4 景观规划平面图（1）

图 5-5 景观规划平面图 (2)

②从设计到细节

设计师除了从人的动线、视线等功能性方面进行核查确认以外，还要对尺寸、材料、工艺、结构、设备等加以考虑，需要进行一些一定的表现：

透视图、轴测图、模型，易于表现空间；平面图、剖面图及立面图，平面图表现空间的用途及功能，剖面图和立面图表现出立体关系。

材料样品、实物、照片接近设计效果。

图表法，设计构思、结构与设备等应尽量用简洁的图纸图标表现。比如工程预算表。（图 5-6~ 图 5-8）

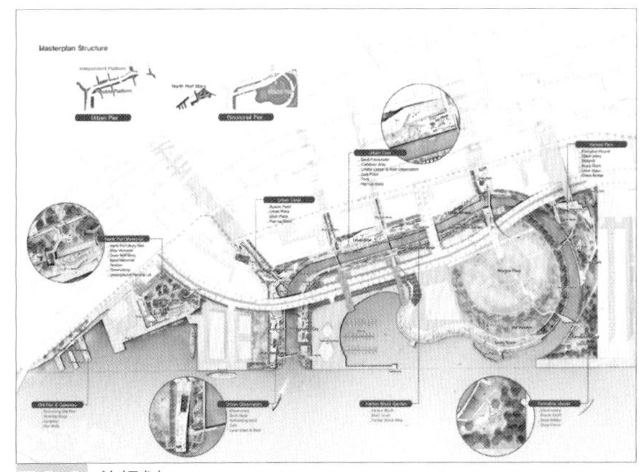

图 5-6 总规划

图 5-7 鸟瞰图

图 5-8 城市码头

（6）设计表现

徒手速写：平面功能布局和空间形象构思草图作业。

正投影制图：平面图、立面图、剖面图、细部节点详图。

透视图：一点透视、两点透视、三点透视、轴测图空间模型。

5.2 设计流程

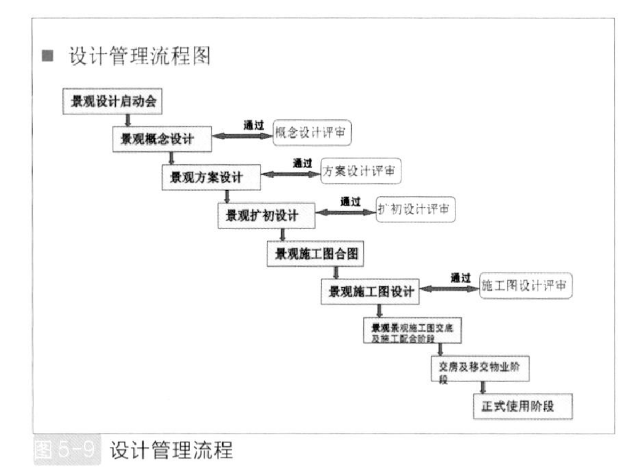

图 5-9 设计管理流程

5.2.1 前期准备

1. 需甲方提供的资料

（1）用地红线图（注：应有明确的坐标）

（2）原始地形图（最好甲方已将红线落于地形图上）

（3）相应区域城市规划图（明确周围建筑状况、性质、层数或高度、定位；周围市政道路定位、宽度、节点的坐标、标高及道路的坡度；市政绿化带宽度；是否有高压线等需要避让的东西。）

（4）规划要点（明确用地性质、容积率、覆盖率、绿化率、规划规模、高度限制、机动车非机动车规模、建筑退红线要求等。）

（5）各地政府的相关规定、城市规划管理条例等（重点关注有关键建筑间距、日照分析、高中低层及点式板式建筑退让道路红线、用地红线的具体要求、各地针对不同情况在总图上对于消防的不同要求。）（图 5-10 - 图 5-17）

（6）甲方提供的设计任务书（涉及具体的设计内容、设计方向、出图深度、时间控制等。）

（7）用地批文（此文关系到此项目是否可以立项，亦即说明一个项目是否真实可实施的项目，在设计文件档案管理上这是不可缺少的文件。）

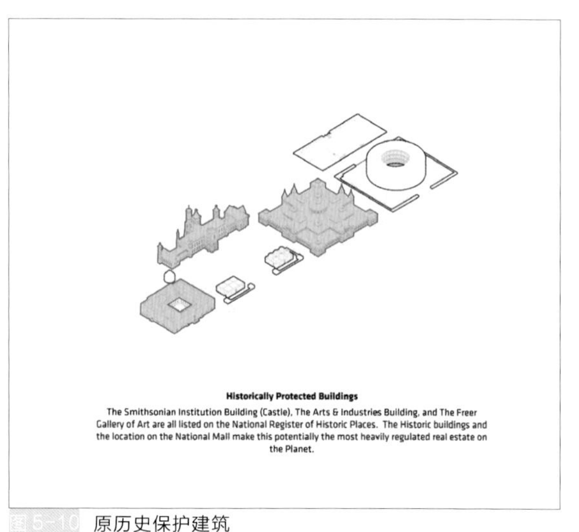

图 5-10 原历史保护建筑

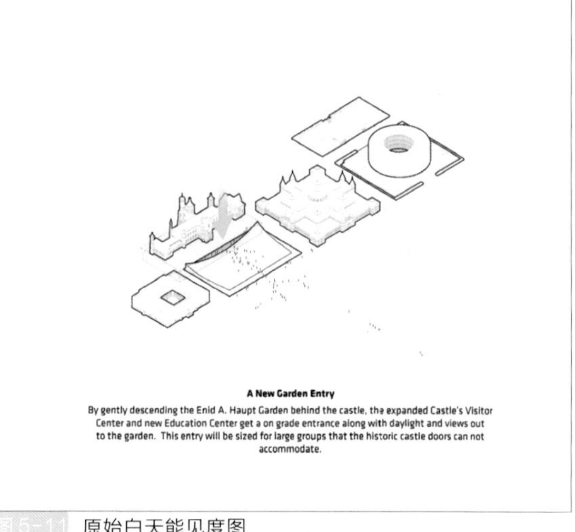

图 5-11 原始白天能见度图

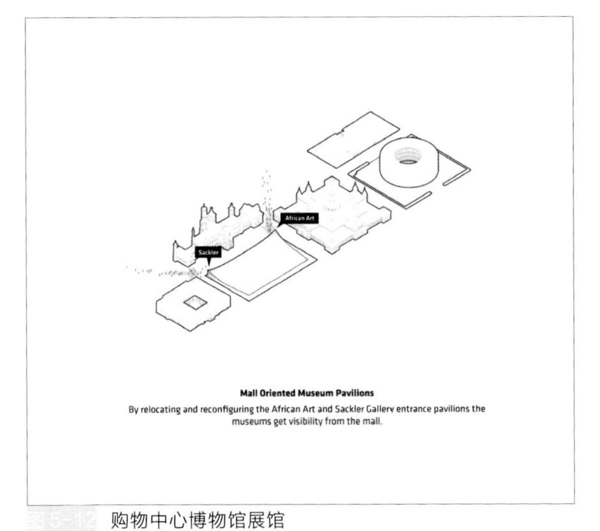

图5-12 购物中心博物馆展馆

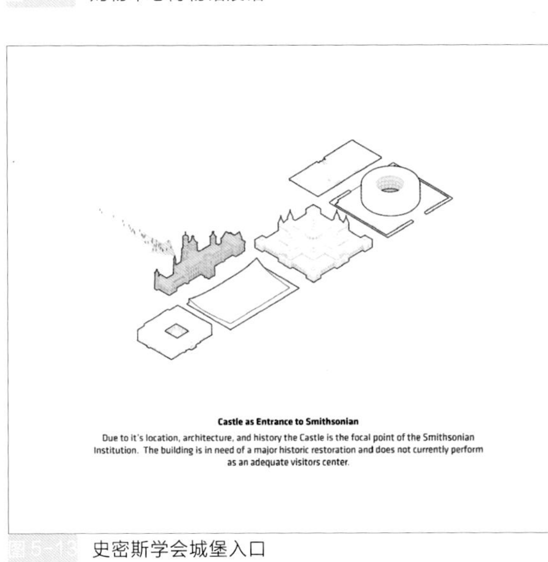

图5-13 史密斯学会城堡入口

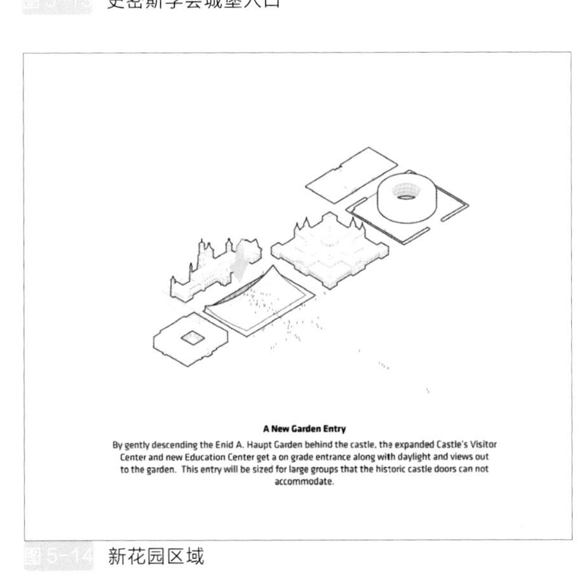

图5-14 新花园区域

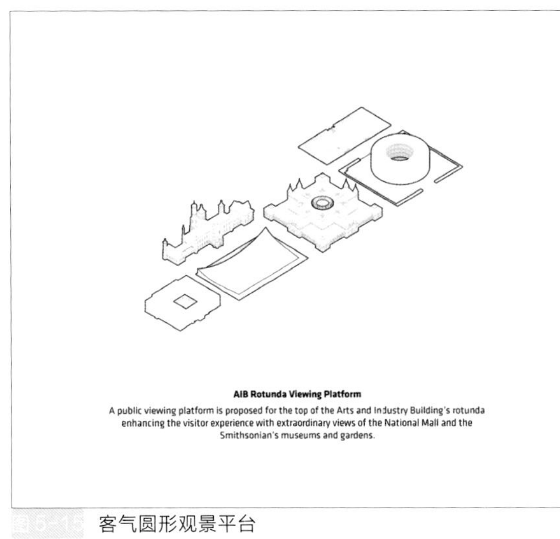

图5-15 客气圆形观景平台

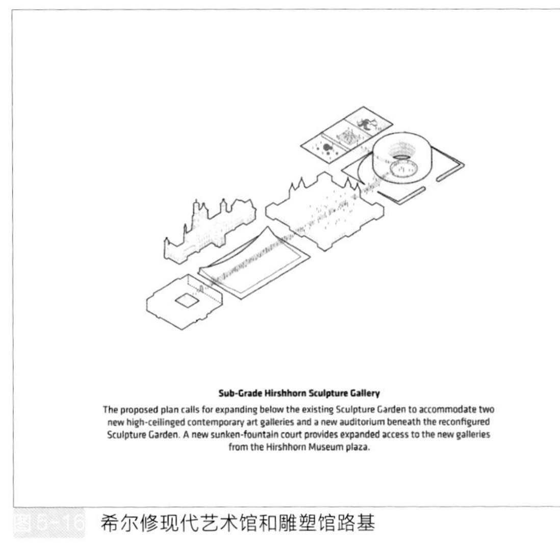

图5-16 希尔修现代艺术馆和雕塑馆路基

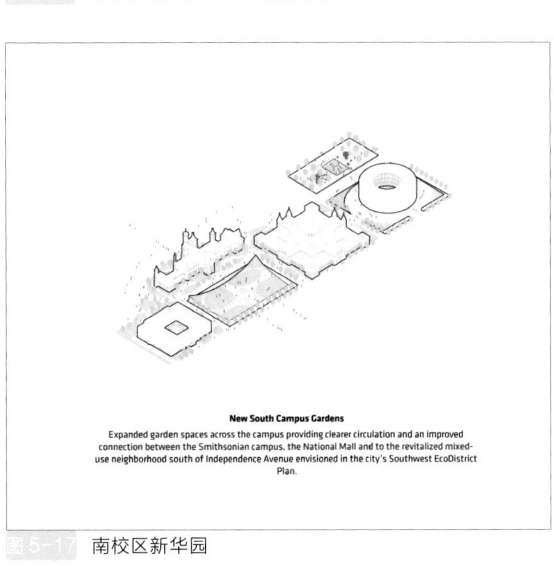

图5-17 南校区新华园

2. 相应准备：

（1）明确相关设计的一些规范及防火规范；在总图、单体设计上有何约束；

（2）根据设计任务书明确建筑的定位、把握大的设计方向；

（3）将建筑用地根据不同情况分类，明确优势劣势；

（4）根据规划要点及设计任务书测算建筑规模，可能形成几种模式，优化方案方向；

（5）根据甲方的进度要求及工作量拟定工作时间表，时间表上应留出必要的审图时间，甲方配合的时间则较为机动；

（6）收集整理相应的参考资料。

注：其中第 3、4 步的工作对一个项目把握其设计质量而言尤为重要，关系其是否能够完成最合理、最优化的设计。

3. 设计阶段进行中应注意的几点

（1）总图规划：（图 5-18）

①市政规划上的相关硬性规定要明确并绝对服从；

②总图中有关消防的规范、消防道路的分布、消防车出入口的设置、消防道路的宽度、消防控制中心的位置、高层建筑消防疏散口的位置；

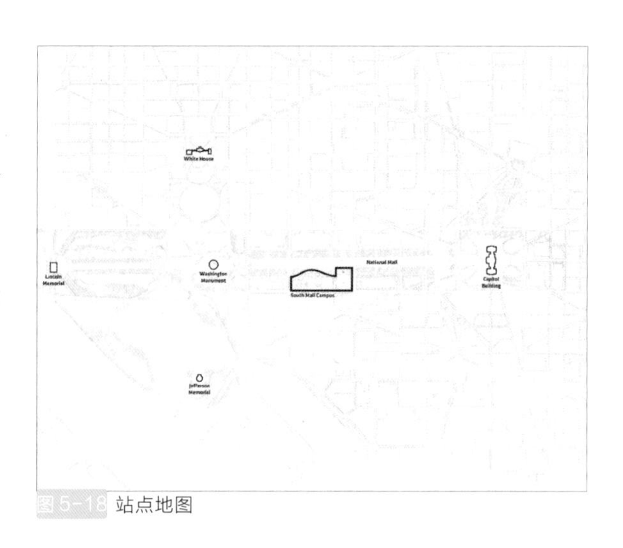

图 5-18 站点地图

③建筑出入口的位置、机动车道、人行道的分布、不同人群的流线关系、机动车车流、非机动车流与人流的关系、搬家车道的设计、无障碍设计、机动车停车场车（库）的设计及其出入口的位置；（图 5-19、图 5-20）

图 5-19 黄昏时分渲染图

图 5-20 效果图 1

④小区的管理、居住小区设计物业管理、社区活动场地、儿童活动场地、社区医疗保健、公厕等；

⑤环保设计：垃圾收集、处理、运送；废水的排放等；

⑥绿化设计：把握绿地率，注意绿化设计与消防车道、消防普救面、地下室等之间的关系，遵守互相避让、互为对方提供条件的原则；水体的设计注意标高与地下室之间的层高关系；（图 5-21~ 图 5-23）

图 5-21 效果图 2

图 5-22 效果图 3

图 5-23 效果图 4

⑦场地的竖向设计：控制场地的坡度与建筑各个出入口连接、道路的坡度；原始地形为坡地的要优化场地，尽量合理的运用高差减少土方量；沿海（江河）的城市的项目要注意当地的防洪标准；

⑧建筑间距的控制；

⑨建筑形态的把握、建筑类型的分布合理性；

⑩小区小的气候条件的利用、改造等（日照、夏季主导风向等）；

⑪建筑规模总体把握，天际线的合理设计。（图 5-24、图 5-25）

图 5-24 效果图 1

图 5-25 效果图 2

（2）单体设计

①相关设计规范、消防规范尤其是相关的一些强制性条文；

②建筑不同类型比例的把握；

③建筑不同类型的定位、特点；

④建筑立面风格的把握；

⑤根据总图明确每栋建筑的绝对标高，协调各建筑之间在总图中的关系；

⑥每栋建筑交通的合理组织，核心筒的摆放；

⑦建筑细节的设计：以住宅户内设计为例：A. 户门、房间门、窗的位置的合理性，需关注是否影响家具摆放、是否可以满足顺畅的流线、房间内是否能保证充足采光；B. 厨房、卫生间的布置，需关注相关的尺度规定、摆放是否合理、使用是否方便、上下水管及煤气管道的合理位置、通风是否良好、是否能保障足够的隐私性；C. 室内外空调机的位置；D. 雨水管、污水管、冷凝水管的合理组织；E. 不同房间的家具的合理摆放、尺度要求、舒适程度；F. 避免对视、避免风水中的禁忌等；

⑧如有地下停车库、设备用房、人防工程等，在满足相关规范的前提下还应保证平面布置的合理性，应优化设计，因为地下室的工程造价是比较高的；

⑨建筑设计应考虑节能要求，平面设计应控制建筑的体型系数，立面设计应考虑工程造价、施工难度等；

⑩一栋建筑毕竟是几个专业共同设计完成，所以在单体设计上应为其他专业的合理设计提供可能；

⑪控制建筑面积、设计进度。

4. 成图制图（黑白图）中应注意的地方

（1）总平面

①区域位置图（有些地区此图可出彩图）；

②现状地形图：此图可以彩图形式出，地形地貌复杂的要单独出图，不复杂的一般大多是与总平面图出在一起；

③总平面图布置：此图建筑采用屋顶投影平面图，需标注清楚的是：A. 用地范围外 50 米范围内相邻的已有建筑及待建建筑或用地的名称、建筑层数，与本区内新建建筑的距离；B. 市政道路的名称、宽度、坡度与长度、变破点标高、道路中心线交点标高、转弯半径、与用地红线的间距；C. 表明用地红线、绿线等及坐标；D. 场地人行、车行的主要、次要出入口，机动车主出入口与城市道路红线交叉点的距离、与周边汽车站的距离；E. 红线内设计建筑的名称、编号、层数、与用地红线的最近距离、与相邻建筑的最近距离；F 标明地库范围（虚线）、地库出入口的位置、建筑主要出入口位置；G. 注明红线内主要道路、地面停车场、广场、活

动场等特殊用地，标明物管、门卫、消防控制室、公共卫生间、垃圾收集点等；H. 经济技术指标、指北针与风玫瑰、设计图例等；

④总平面图（1：500）：此图侧重表达的是建筑的定位与场地的竖向设计，建筑单体采用建筑首层平面图。上图中的 B/C/G 相在此图中仍需表达，另需注明的是：A. 注明建筑定位坐标、建筑名称及编号；B. 建筑出入口处室内室外绝对标高、场地内不同区域的绝对标高、场地坡度；C. 场地内主要道路（主要是指机动车道和消防车道）的宽度、坡度、长度、转弯半径、与建筑的距离，道路中心线交点及标高；指北针、风玫瑰、设计图例；（图 5-26）

⑤道路系统设计图：此图经常与总平面和在一起，有些地方要求单独出图，和在一起出图时上图需加上主要道路断面图；

⑥消防系统设计图：此图侧重表达消防设计，需标明消防道路出入口、消防道路路宽、坡度、长度、与建筑的距离、消防扑救面的位置、宽度与建筑的距离、消防道中心线交点坐标、标高、变坡点标高、消防控制中心位置等；

⑦绿化水体系统设计图：此图主要是园林部门需要图纸，用于计算绿地率，需要注意绿地面积的计算标准；

⑧场地剖面图：场地变化较大、设计交复杂的位置；

⑨日照分析图；

⑩土方平衡图（一般地形较复杂，场地高差较大的项目需要此图）。

（2）设计说明、各种表格

（3）单体成图

5. 校对、审核、审定、打印装订成图

6. 方案汇报、与后续设计单位交底

图 5-26 景观平面图效果图

06 优秀学生作品

6.1 玉田湖风景区入口景观改造设计

6.1.1 项目分析

1. 选题背景与意义

如今人们的生活水平普遍提高，消费形式也发生了转变，而休闲已然成为一种新的社会文化现象。生活节奏的加快使得家人朋友之间的互动少之又少，休闲娱乐活动更是寥寥无几。而城市环境污染、食品安全、精神危机等问题的日益加重，使得城市居民更加渴望到乡野村庄休憩娱乐。乡村的山清水秀、空气清新、蔬菜绿色环保这些无不吸引着人群来到这里放松他们疲惫的身躯。试想一下，当人们结束了工作日繁忙的工作，在周末的时候和家人朋友一起来到大自然享受片刻的安宁，给精神以慰藉。在山水之间陶冶情操，在草木之间体味乐趣。游人在游乐的过程中能够与家里的老人孩子或者亲戚朋友频繁的互动，更是增加了人与人之间的情感交集。

2. 场地环境

玉田水库始建于 1958 年，位于景德镇市浮梁县湘湖镇境内，现已经是景德镇的一个旅游区，称为玉田湖风景区，距景德镇市区 12 公里。主体水面东北至西南向最长处约 2.1 公里，西北至东南向最宽处约 0.7 公里，鱼类养殖水面 106 公顷，集雨面积多达 100 公顷，丰水期水面 153 公顷，水库总库容 2300 万立方米。区内四周山峦起伏，湖岸曲折，我们设计的区域从入口起始到大坝面积约 10.5 公顷。

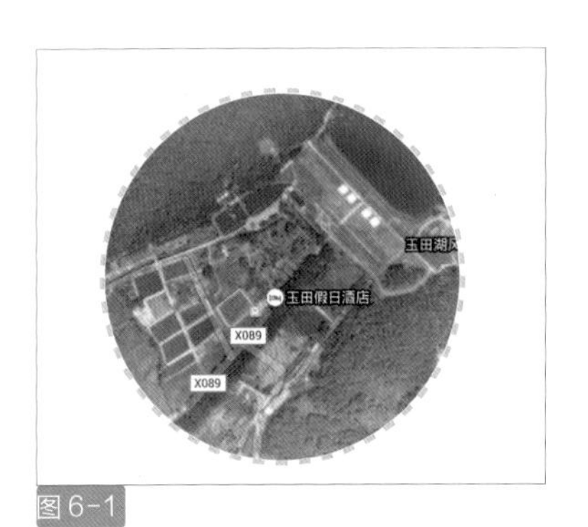

图 6-1

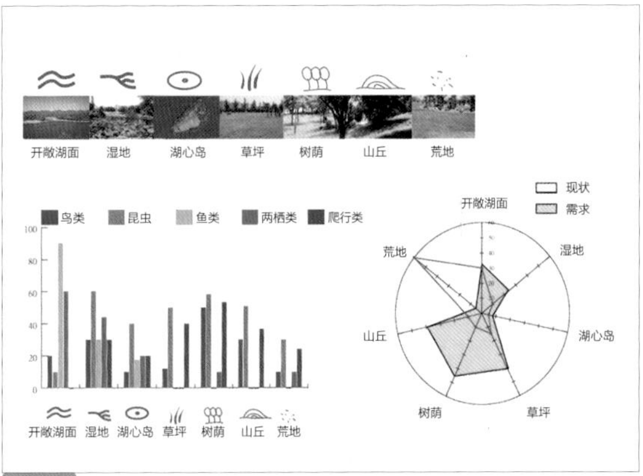

图 6-2

景区内外都现存很多问题。进入玉田村就能看到四周起伏的山脉，到达玉田水库后首先进入眼帘的就是入口建筑周围的农田，利用率并不高，零零落落的种着蔬菜。从入口进入，沿着主干路能看到远处的大坝。主干道左侧植被杂乱的分布着，水体某些区域已呈现灰绿色，上面漂浮着白色垃圾。经过一个溪流达到一处缓坡，缓坡处并没有人为铺设的路可以走。从缓坡上去后看到一个鱼塘，鱼塘内小路很窄，安全性不高。主干道右侧则有小河流一直延伸到大坝下面的区域。在池塘内水体已经干涸露出淤泥，且散发着阵阵的腥臭，导致这一区域很少有游人会走过来。草坪已经人为的踩踏出多条小路，而且零星的散布着来自助烧烤的人群，汽车也是随意开进景区，乱停乱放。景区内无垃圾分类处，在烧烤区，由于人群众多，产生的垃圾也遍布草坪周围。景区内的设施破旧，游乐设施安全系数低，给来这里游玩的小朋友带来了安全隐患。景区内安设的土家菜馆环境破旧，存在安全卫生问题，且门前的汽车无规律的停放。目前存在的种种问题都为景区内的环境带来了严重的破坏，同时也对游人的游乐体验大打折扣。（图 6-3~ 图 6-6）

图 6-3

图 6-4

图 6-5

图 6-6

6.1.2 设计定位

1. 设计理念

设计主要以人与自然为主，“回归自然，返璞归真”以烘托山水之美。人是主体，但又是生态系统里的一部分，是一个赏景的动体，“景”与“观”是互动的，人与自然和谐共处，在亲近自然的过程中体会乐趣。

景区内部的茶竹园设计不仅进一步普及和弘扬了中国茶竹文化，也展现了其悠久的历史、丰富的内涵和独特的魅力。

垂钓在古代就被文人雅客所喜爱。它在培养垂钓者淡泊名利、安静平和心态的同时，还能够磨炼人的意志，陶冶情操，从而达到减轻人在工作生活中所产生的压力。是颇受当代人青睐的一种休闲方式。

亲水平台处利用九曲桥把断开的湖面连接起来，从而有了连贯性。在路网的设计中，大路与小路成放射交叉状，既相连又有所不同。景区内重点建设若干独立的景点，展现不同的景观，能够带给游人不同的景观感受。园区景观众多，漫步在小路上，真可谓一步一风景、一景一陶然。

2. 设计目的

利用不同的景观区域满足人们在精神与娱乐上的需求。如今人们生活在钢筋混凝土的森林中，在这样的环境中能否有一处安静的栖息之地来放松身心，能够在实际体验中领会自然，同时也在无形中拉近了家人朋友间的距离，在喧嚣的城市生活过后给予一份宁静安乐。

3. 服务对象

风景区面向的人群广，无年龄界限。在景区内部设置的茶室区会吸引茶爱好者，垂钓区也是垂钓爱好者的聚集地，而农家乐区也是家人朋友聚餐的好去处。游人在游乐的过程中能够与家里的老人孩子或者亲戚朋友频繁的互动，更是增加了人与人之间的情感交集。

6.1.3 设计分析

1. 功能分析图

（1）景观分布图

景区内部主要分为十八个景点。1-9 的景观分布在中轴线的左侧，10-16 分布在中轴线的右侧。而入口停车服务区与农家乐烧烤区都设置在景区外。（图 6-7）

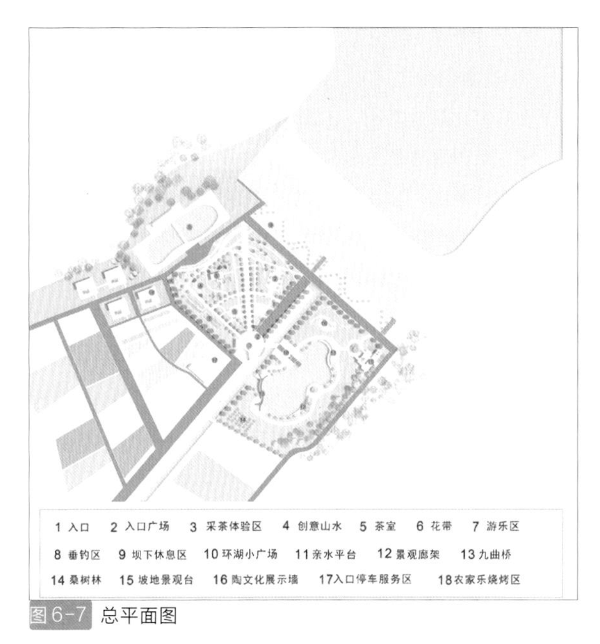

图 6-7 总平面图

（2）景观节点图

主要景观节点有九处，次要景观节点有八处。主要景观节点包括垂钓区、茶室、儿童游乐区、农家乐烧烤区、环湖小广场、九曲桥、桑树林、陶文化展示墙、坡地景观台。次要景观节点包括坝下休息区、采茶体验区、景观花带、缓坡绿地等。（图 6-8）

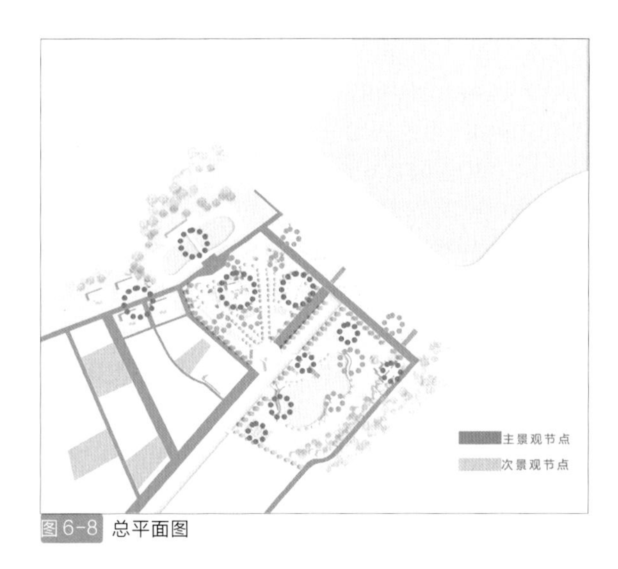

图 6-8 总平面图

（3）道路分析图

景区呈半封闭式，主干道四周相互围合，次干道也连接了中轴线两侧的景观区域，使景观节点与节点之间能够产生互动。呈放射性的曲线小路引导人流从入口处的任意一条路都能走进景区深处，并且起到连接景观节点的作用。（图 6-9）

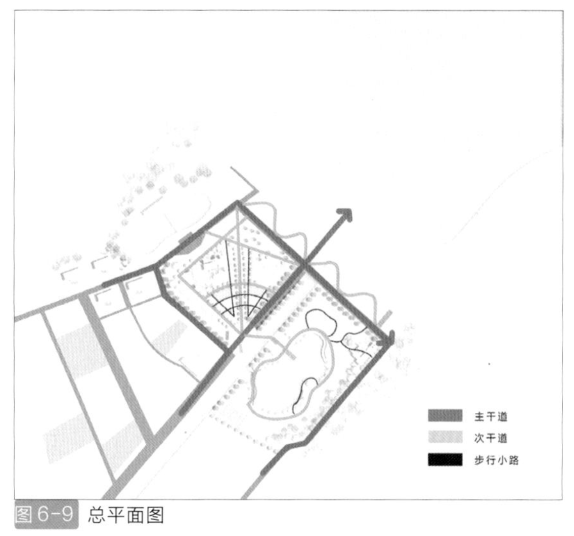

图 6-9 总平面图

2. 景区区域划分

从入口进入，入口广场连接的主干道即中轴线往往有着重要作用，可以看到中轴线把园区整体划分为两部分。轴线左侧的景观小路区域植物多选矮灌木、花，最后配以草坪。运用乔灌草的结构层级，提高了轴线两侧风景的可观赏性。沿着道路形态所种植的树木更加增强了地表几何感。而相邻的两棵树为行进中的人框出一个组景，意在形成一幅幅各自意趣的图画。碎石小路又将每个组景相连，可以很好地让游人走近观赏却又不伤及草坪。使风景既能远观又能近赏。在小路相连当中的茶室，会是使人豁然开朗的存在。“水、桥、房”的空间格局展现了中国韵味的现代景观空间。茶室旁有一处小景，是“以壁为纸，以石为绘”的创意山水。利用片石假山营造出一幅水墨山水画的意境。远远望去就像是起伏绵延不绝的山峦。片石下以碎石铺地。再旁边则是种植的小型茶园，给游人提供采茶的服务。（图 6-10、图 6-11）

茶室后侧由于地势高差，做了缓坡，由草坪与步道相结合。缓坡连接了鱼塘，很多居民喜欢在闲暇之余从事垂钓等休闲活动。它不仅能磨炼人的意志，减轻工作压力，还可以培养垂钓者安静平和、淡泊名利的心态，是颇受当代人青睐的一种休闲方式。

轴线右侧为环湖区并设有亲水平台，沿着湖岸种植的树木营造了绿植垂堤之景。不同于之前道路里面的设置，此处利用植物丰富立面，四周多种绿植沿岸种植形成高低起伏的错落感。由于人的亲水性，在此观光的游客会很多，因此在亲水平台的右上角设有观景台，也是休息平台。周围是茂盛的树丛，鲜艳的花草给浓浓的绿色添了一笔色彩。树荫下的木质凳为人们提供歇脚点，让人与景观相互融合。远处的九曲桥连接了湖的断面，中国红的桥栏配以深色木质的桥体，体现桥体沉稳的同时增添一抹亮色，突显了喜庆、祥和的景观氛围。环湖步道设计了人行小路和自行车道，满足游人步行与骑行的需求。

中轴线主干道两旁的行道树采用常绿树种，其目的是无论在何种季节，树木都可以起到遮挡视线的作用，以至于不让轴线两侧景观一览无余，变得毫无悬念。

景区内部区域划分从左至右分为垂钓区、茶室区、儿童游乐区及亲水平台，而景区外部的农田也被扩建成农家乐区及蔬菜采摘区。农家乐配有烧烤区及室内用餐区，游人可以在体验了采摘后把新鲜的食材自己动手做成美味的饭菜和家人朋友一起品尝。

入口建筑外面设置了小型自行车停放处及机动车停车处。入口建筑内为有需要在园内骑行的游客提供可租借的自行车。自行车在环湖小路上及九曲桥上可随意通过，每条路都可互通。自行车的租借服务大大提高了游人在景区内游玩的热情，既方便快捷，又能锻炼身体。

图 6-10

图 6-11

3. 局部景观分析

（1）垂钓区

垂钓文化源远流长，在古时许多名人志士就对其情有独钟。它在培养垂钓者淡泊名利、安静平和心态的同时，还能够磨炼人的意志，陶冶情操，从而达到减轻人在工作生活中所产生的压力。也是颇受当代人青睐的一种休闲方式。垂钓能够排遣郁闷，同时也是古时候歌颂渔人的一种表现形式。

但当今的垂钓行业仍然存在一些弊端。缺乏良好的生态理念、缺乏具体的行业规范和对垂钓文化内涵的理解。古时越国大夫范蠡在驾船垂钓时，钓到大鱼留下，钓到小鱼则放生湖中。在垂钓的同时能够考虑生态的平衡可持续发展。古人都存有生态意识，但如今大多垂钓者却无视生态理念，不分时节、产卵期等，无论鱼类的品种及大小，只要钓上来统统带走，给鱼类资源带来很大的危害。而我国垂钓者分布不均，很多野钓地点离市区比较远，而且以休闲娱乐为主的垂钓人群主要集中在城市。他们的垂钓场地只能由当地的鱼塘主提供。有些地方的鱼塘主为了招揽顾客，对垂钓过程中出现的问题不闻不问。在我国的著名旅游胜地千岛湖就出现过类似事件。千岛湖享有天下第一秀水的名誉，其推广的垂钓活动曾推动了当地的经济发展。有些人借垂钓之名捕杀天然的野生鱼种，而过度的垂钓严重破坏了水域的生态平衡。现如今许多工厂建在河流附近，并且违法向附近的水域排放污水。水质严重污染从而使鱼类生态环境被破坏，导致了大量野生鱼类死亡。目前现存的这些问题留给我们深深的思索。

通过对古代垂钓文化的现代思考，垂钓园的设计希望在游人能够体验到垂钓乐趣的同时也安静人们日益烦躁的心，减轻了工作生活带给人们的压力。以平和的心态在此享受片刻的宁静。

垂钓区的入口呈现半圆状，用围墙把垂钓区围合起来，形成半封闭式围墙。运用中国朴素的灰白色彩，把砖墙墙面以白灰粉刷，墙头覆以青瓦两坡墙檐，白墙青瓦，明朗而雅素。高大封闭、呆板的墙体，因为有了马头墙，从而显出一种动态的美感。围墙外侧种具有中国特色的竹与矮灌木，高低错落的植被使得景色更有可观性。从入口处步入，进入游人眼帘的鱼塘水域广阔，石桥从中间连通了鱼塘，石桥尽头便是垂钓区的建筑。建筑内部设有收费处、公厕、洗手池及休息座椅。游人从入口进入后可以向左、中、右三个方向分别行走，最终都能到达鱼塘后面的建筑。鱼塘内有三处竹从小景，与围墙外的竹从相互呼应。（图 6-12、图 6-13）

图6-12

图6-13

（2）茶室区

我国是茶和茶文化的发源地，时间可追溯至公元前2700多年前的神农时代。中国茶文化经过几个世纪的文化积淀，到了唐代中期得以正式形成。茶圣陆羽的《茶经》的问世是唐代茶文化正式形成的标志。《茶经》中有“茶之为饮，发乎神农氏，闻于鲁周公”的说法。古时文人爱茶也爱竹，茶与竹在文人眼里有清傲高洁，质朴淡泊的崇高形象。文人往往将茶竹并称。王维“独坐幽篁里，茶香绕竹从”，不仅是名词诗句，还描绘了茶香飘逸，缭绕在青青竹从之间，给茶的香气赋予了生动的流走线条，犹如一幅气韵生动的画境。茶和竹均为雅物也都是山中清物。挺拔的竹和清雅的茶似乎能赋予许多人以“气节傲青云，文章高白雪”的志气。而风骨清明，置茶竹间，既可以诗人享受自由逍遥、超凡脱骨的生活，又可以砥砺品德与节操。茶竹之缘，既有在民间的俗缘，也有在文人中的雅缘。古人云“竹下闲参陆羽经”，其实未尝不可“茶中闲参子猷竹”。

通过对茶竹文化的了解，在茶室的设计中加入了竹的元素。在茶室的设计中，建筑与周围环境呈现“水、桥、房”的空间格局，展现了中国韵味的现代景观空间。材质上利用石材与木材两种取之于自然的材质相结合，建于荷花池水旁，池水有一部分贯通到建筑内部，并利用池水的动态来增加建筑的灵动性。用石板桥把建筑与小路相连通，建筑后侧种植了小片竹从。当游人走过石板桥进入建筑内部，看着水中盛开的荷花与游动的鱼儿，品着茶水回肠荡气，嗅着茶香六腑芬芳，伴随着流水声与竹叶在风中摇摆的沙沙声，仿佛竹的清香通过呼吸流向四肢百骸。这无疑不是一幅气韵生动的画境。就算是被说成是刻意追求雅致雅韵也好，故意表现自己是高人雅士也罢，都是一种情趣，而这种情趣不亚于流霞肴馔，茶艺之美自然也在其中了。在茶室旁还种植了小型的茶园，提供游人采茶的项目，在游乐之余享受采茶的乐趣。（图6-14）

茶室旁有一处小景，是“以壁为纸，以石为绘”的创意山水。利用片石假山营造出一幅水墨山水画的意境。远远望去就像是起伏绵延不绝的山峦。（图6-15）

图6-14

图6-15

（3）儿童游乐区

对于每一个新一代的儿童来说，儿童游乐园意味着一个充满快乐的天堂。但是对于现在的零零后来说，去游乐园几乎成了一种奢望。一是由于家长的工作繁忙，没时间带孩子去游玩。二是城市到处都在建设，土地都被用来建设高楼大厦了，留给儿童们玩耍的地方越来越小。三是现在的儿童都被电脑、手机、IPAD等数码产品吸引了注意力，导致户外活动越来越少。但是研究表明，玩多了电脑的儿童和他人的交往能力变差，会更内向，而且时间长了会对儿童的眼睛造成损伤，已经有不少小孩因为玩游戏久了导致眼睛视力下降。小孩子是需要大人与他们进行互动交流的，在大自然中与孩子进行亲密接触可以很好地增加父母和孩子间的情感交流，和小伙伴一起玩耍能教会他们如何跟他人相处。

“大地”是城市中的别样乡村生活，人们聚集在这里，躺在地上，滋养着身心。这块区域是在一个大的长方形底盘内，长方形的两条短边为开放式。另外两条长边做了长方形的窗洞。这个容器的人造特征体现在其木质结构及表面的处理上，与内部的田园景观形成了强烈的视觉对比。由于内部设计的坡地与平地交替的特征，在这可进行很多活动，既可进行有活力的娱乐活动又可在在树荫下放松心情。草木茂盛的区域长着厚厚树叶的树木和草坪交替而生，以草本植物和草地为主，点缀着野花。赏心悦目的同时也增加了亲子间的情感交流。（图 6-16、图 6-17）

图 6-16

图 6-17

（4）环湖区

从入口处以主干道为中轴线，整个环湖区在轴线右侧，并设有亲水平台。沿着湖岸种植的树木营造了绿植垂堤之景。不同于之前道路里面的设置，此处利用植物丰富立面，四周多种绿植沿岸种植形成高低起伏的错落感。由于人的亲水性，在此观光的游客会很多，因此在亲水平台的右上角设有观景台，也是休息平台，周围是茂盛的树丛，鲜艳的花草给浓浓的绿色添了一笔色彩，树荫下的木质凳为人们提供歇脚点，让人与景观相互融合。在休息平台向前延伸，能看到一处以陶为主的景观小品，大地色系的陶与绿色的草地相得益彰。配以水更增加了景观小品的灵动性。远处的九曲桥连接了湖的断面，中国红的桥栏配以深色木质体现桥体沉稳的同时增添一抹亮色，突显了喜庆、祥和的景观氛围。环湖路设有人行步道与自行车道。整体路网以流线型为主，环环相通。（图 6-18~ 图 6-20）

图 6-18

图 6-19

图 6-20

（5）农家乐

“农家乐”旅游的雏形来自于国外的乡村旅游，并将国内特有的乡村景观、民风民俗融为一体，因而具有鲜明的乡土烙印。农家乐的建筑设置在景区外的农田里，景区外部的部分农田经过重新整理、种植后，全部变为采摘区。游人可以在采摘区摘取新鲜的蔬菜来进行烹饪。农家乐建筑材质使用石材与木质相结合，与茶室的建筑风格相统一。在农家乐的建筑外设有烧烤平台专区，游人可以在品尝美味的烤肉的同时体验自己动手烤制的乐趣。烧烤平台同时设有洗手池、座椅等公共设施。（图 6-21）

现如今城市环境污染、工业废水的违法排放给河流及土地造成严重破坏，随之而来的食品安全问题就日益严重。而农家乐设计的目的不只在于提供家人朋友聚会的场地，更主要的是这里地处乡村，山清水秀、空气清新，在其周围的采摘区提供的蔬菜新鲜、绿色环保。

图 6-21

4. 绿化设计

景区内植被丰富，设计上利用“乔、灌、草”的高低错落使景观有层次感，更具可观性。

图 6-22

5. 座椅设计

景区的长椅在材质上运用木材与钢材相结合，颜色上则利用木色与黑色相间的设计，融入周围的环境，营造宁静、内敛的景观空间。

6.1.4 项目设计总结

本次“玉田湖风景区入口景观设计——坝下栖息”，利用不同的景观区域满足人们在精神与娱乐上的需求，让参观者能够获得与众不同的经历，这种经历具有大自然的原始性，在实际体验中领会自然的美。同时也在无形中拉近了家人朋友间的距离，在喧嚣的城市生活过后给予一份宁静安乐。

本次设计经历了从初期的实地考察、测量，后期的规划、平面图的设计，再到最后的模型制作、CAD 及效果图表现，以及自己动手制作的沙盘等一系列工作步骤。中间反复修改了许多次设计方案，平面图的敲定就耗费了好长的时间。虽然最终完成的方案仍有很多缺陷不足，但我们依旧努力完成了自己的毕业设计。

图 6-23

6.2 归本主义——株洲 Tree 咖啡馆设计

6.2.1 市场调查与分析

1. 地理位置与交通情况

图 6-24 地图

图 6-25 株洲中心广场

Tree 咖啡厅坐落于湖南株洲市芦淞区沿江路，位于市中心广场旁。市中心是一座城市的中心商圈，王府井、株洲百货大楼、电信大楼、家润多超市四大卖场盘踞在商圈的四个角，而 Tree 咖啡馆就在家润多的西南方向，此地是全市人口最集中处，附近还有服装大市场，平和堂等购物大楼和汽车站和火车站，人流量颇多，门头视野开阔，面向秀美湘江，沿江风光带，处处是景，美不胜收 。

2. 选题背景

随着中国经济的不断发展，现代社会里随着生活节奏的加快，竞争的加剧，面对各形各色生活压力，人对生活品质的要求越来越高，人们更加注重精神品味，追求心灵上的释放。在西方文化不断的渗透下，咖啡文化风靡中国，一个环境优雅的咖啡馆，一杯香浓的咖啡成为人们现代生活中，商务、休闲乃至谈恋爱必不可少的一部分。特色主题咖啡馆成为追求品质生活的人群新的消费时尚，装点着都市风情。

生态环境问题是我国永不休止的一个话题，没有好的环境就没有安心舒适的生活，株洲是一座被火车头拉开的城市，是中国最大铁路枢纽之一，但随着时间推移，工业重镇株洲面临着越来越大的生态环境压力和外界竞争压力，保护和改善城市环境是株洲的首要任务，为此也做出了一系列的整顿措施来打造旅游城市，同时，我认为景观不仅仅局限于室外，因此咖啡馆设计中，我想通过室内与大自然相结合的手法来营造一个回归于朴的氛围。

设计定位

在整体空间设计采用的是郭准的归本主义设计理念。在设计中，贯彻“自然为本、本真设计”之道，以凸显原生态、崇尚自然文化为中心，利用点、线、面的结合使空间灵动、简洁、明快。

（1）崇尚大自然，道法自然，遵循大自然的规律，使空间和谐的融于大自然，建筑就像从大自然中生长出来一般，把大自然景色引入室内。

（2）注重材料本质的运用，展现材料本来的魅力，整体空间设计中运用有生命质感的自然纹理素材，从艺术角度来理解材料的不同天性，发挥每种材料的特色。

（3）灵动空间：悬臂结构的运用，使空间向外伸展，上下穿插左右交汇前后贯通。

（4）功能为体，视觉为衣，文化为魂。

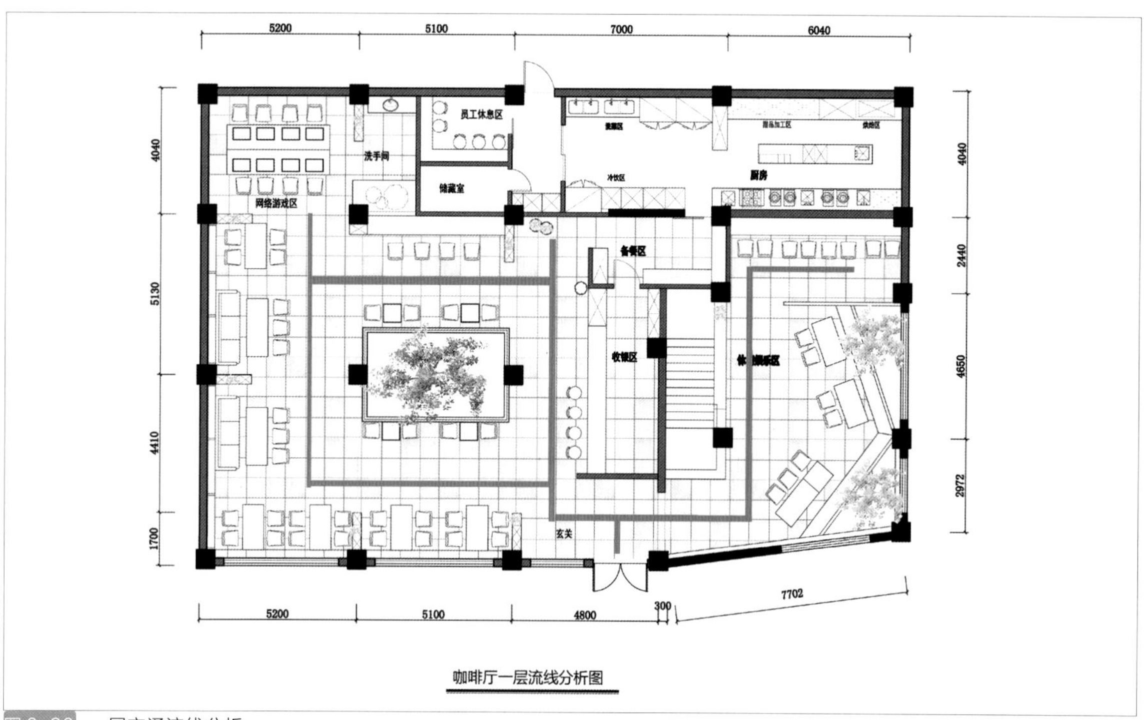

图6-26 一层交通流线分析

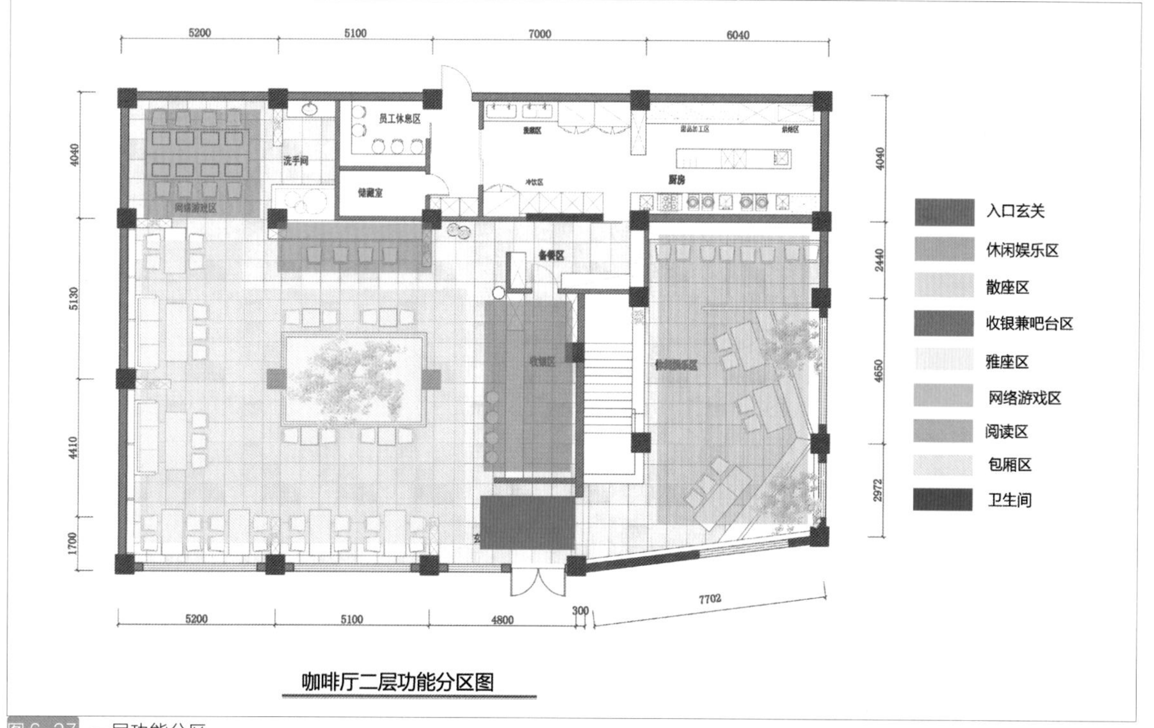

图6-27 一层功能分区

（5）平面功能分析

咖啡馆一层分为入口玄关、收银兼吧台区、散座区、网络游戏区、厨房、娱乐休闲区。一层的总面积约为 332 平方米，就餐单元以 2-6 人为主，主要特色功能分区是加入了网络游戏区，传统的网吧，过于喧哗，人群混杂，网络游戏区的加入，让人在游戏中释放生活的压力。

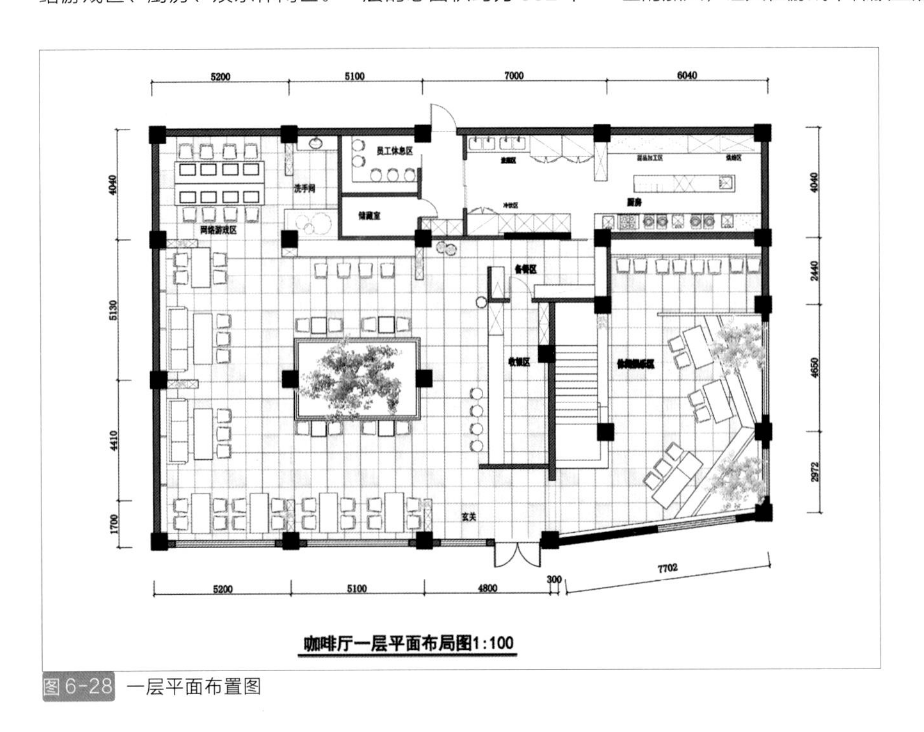

图 6-28 一层平面布置图

咖啡馆二层分为包厢、雅座区和阅读区，总面积约为 316 平方米。包厢区分为两个小包厢和一个大包厢，为需要洽谈的消费者和朋友聚会的人群提供一个安静、舒适的环境；二层的雅座区做两个鸟笼的造型，中间放置着圆形的沙发，半透明的大鸟笼，给消费者一种新鲜刺激的心理感受；阅读区是为文学爱好者而专门开设的一个交流的平台，结交趣味相同的朋友。在这个“速溶”的时代，当我们被忙碌的工作和紧张浮躁的生活方式压得喘不过气来的时候，可以读一本书，让疲惫的身心得到真正的释放和休息。

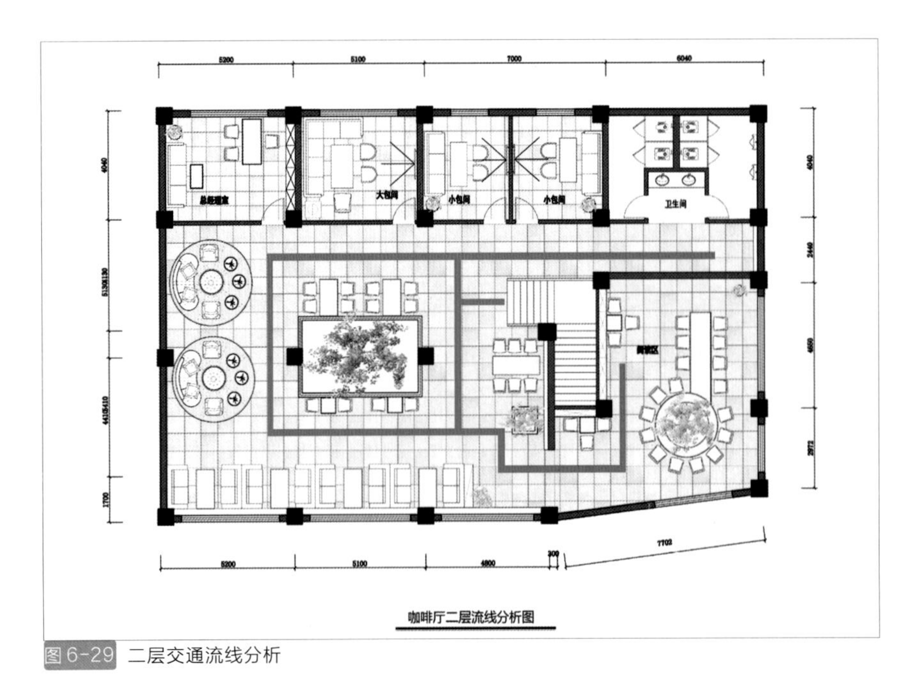

图 6-29 二层交通流线分析

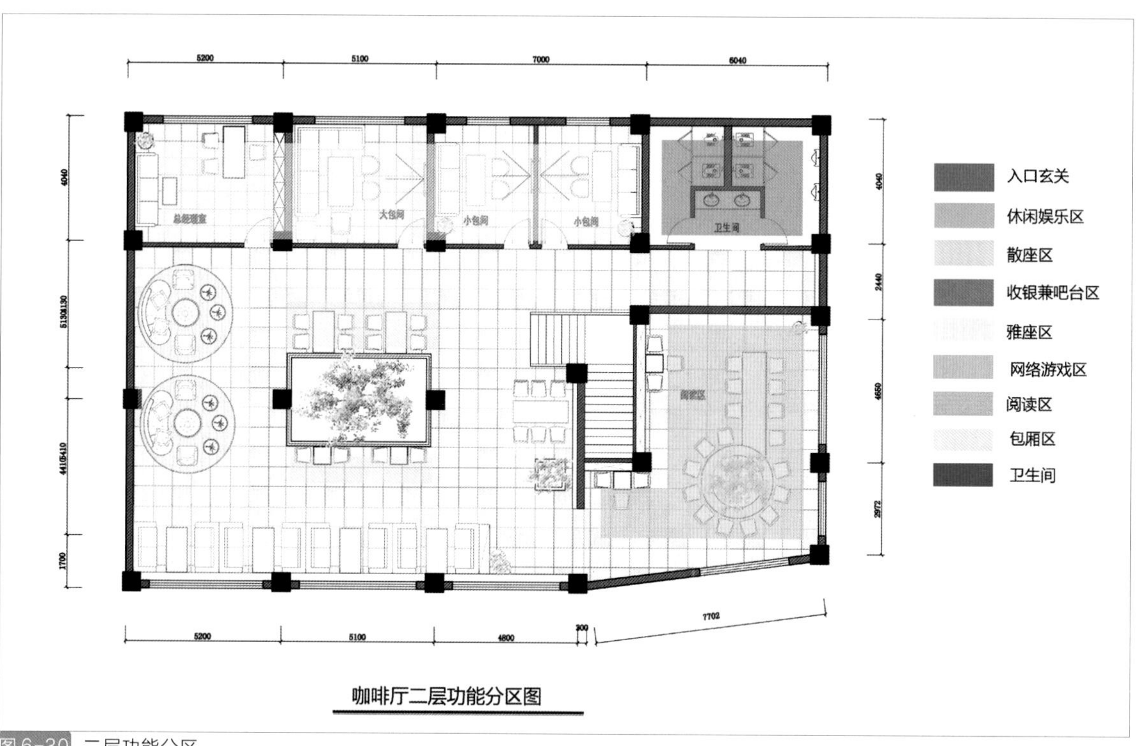

图 6-30 二层功能分区

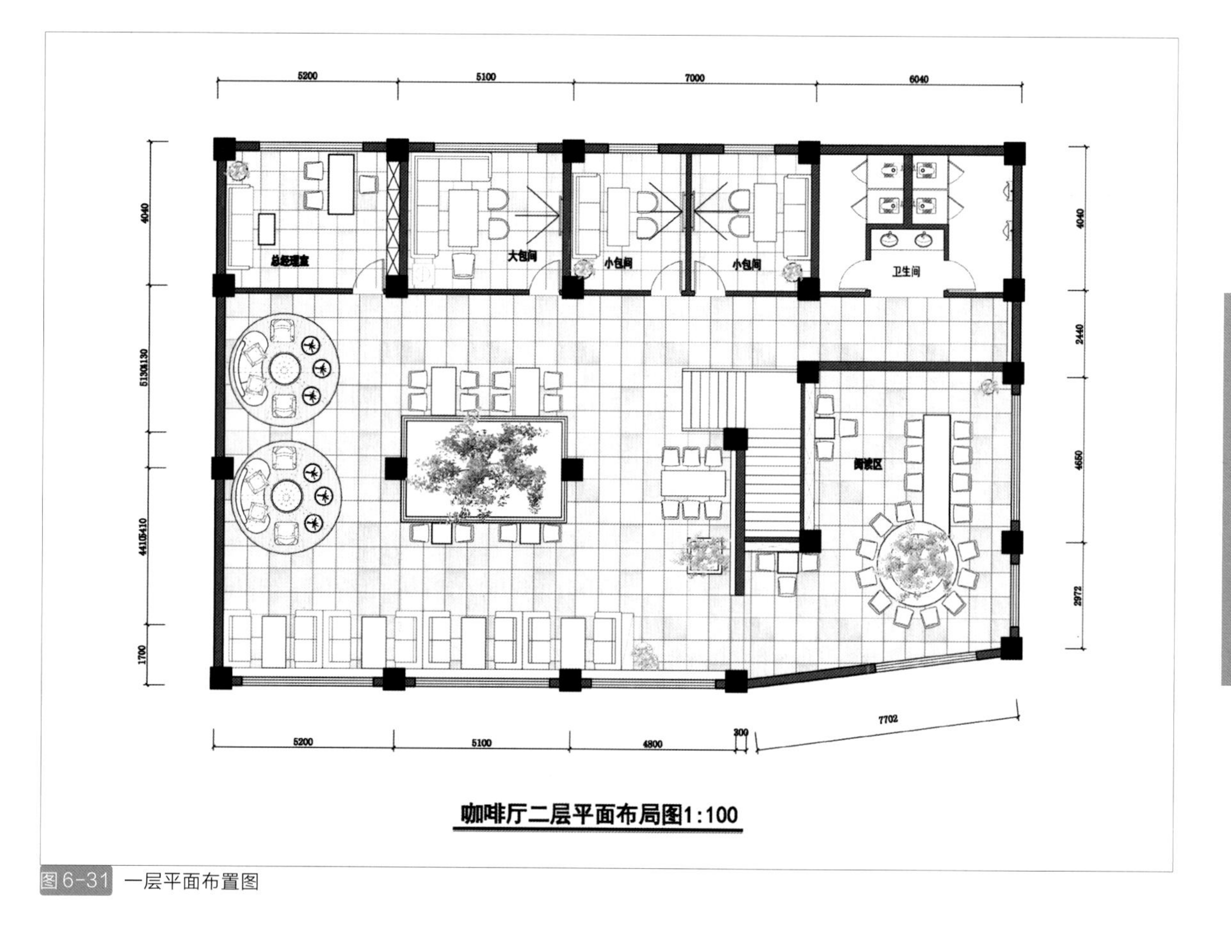

图 6-31 一层平面布置图

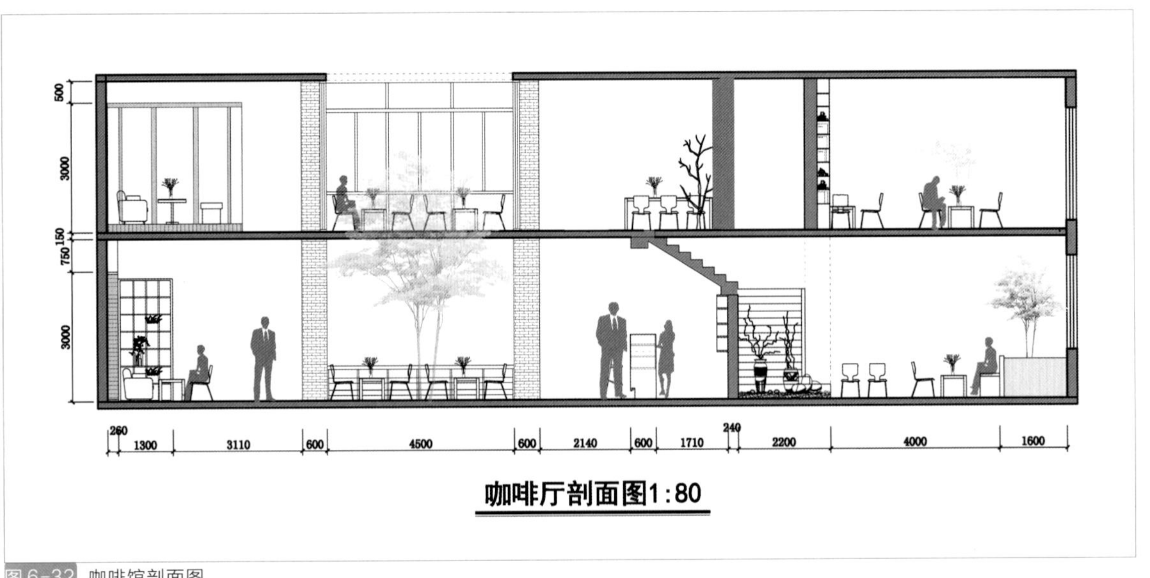

图6-32 咖啡馆剖面图

（6）设计材料与陈设

设计材料：红砖、混凝土、实木、钢材、玻璃、石材等。

家具的风格：简约、现代。

图6-33 咖啡馆剖面图

（7）效果图展示

Tree 咖啡馆设计的主要采用材质的本色为主色调，以混凝土、红砖墙、灰砖为基础色调，加入玻璃钢木带有本城特色现代工业气息材料，以灯具、树木、桌椅、工艺品等为点缀，同时在设计中融入许多柔和的色彩，软装搭配，利用视觉反差，达到风格上的融合，营造出浪漫、和谐、自然的灵动空间，让人们在柔美空间中享受最美妙的时光。

图6-34 咖啡馆外观效果图

走进咖啡馆，直线条的桌椅摆设和空间处理，统一和谐的色系设计形成了刚柔并济的空间氛围，让你的心灵沉浸其中，远离俗世的喧嚣，淡泊而宁静。它裸，它素，不张扬，不奢侈。

图6-35 大厅效果图

图6-36 天井效果图

砖墙的一角，书架的一部分，一把做旧的椅子，烂漫的樱花，这些空间是美丽的，带给人无限的遐想与回忆。有节奏的图案，以及重复的形式渗透到画面中。柔和的光线照在古典的桌椅上，为这些没有生命力的空间带来了温暖与活力。

通过玄关后，看到的是大厅和前台，内部的前台对于一个咖啡馆来说，是整个设计的重点，所以要求较高，在天花上，我采用了原木向上叠加的方式来展示灯光效果，给人一种有层次感。

图6-37 收银台兼吧台区

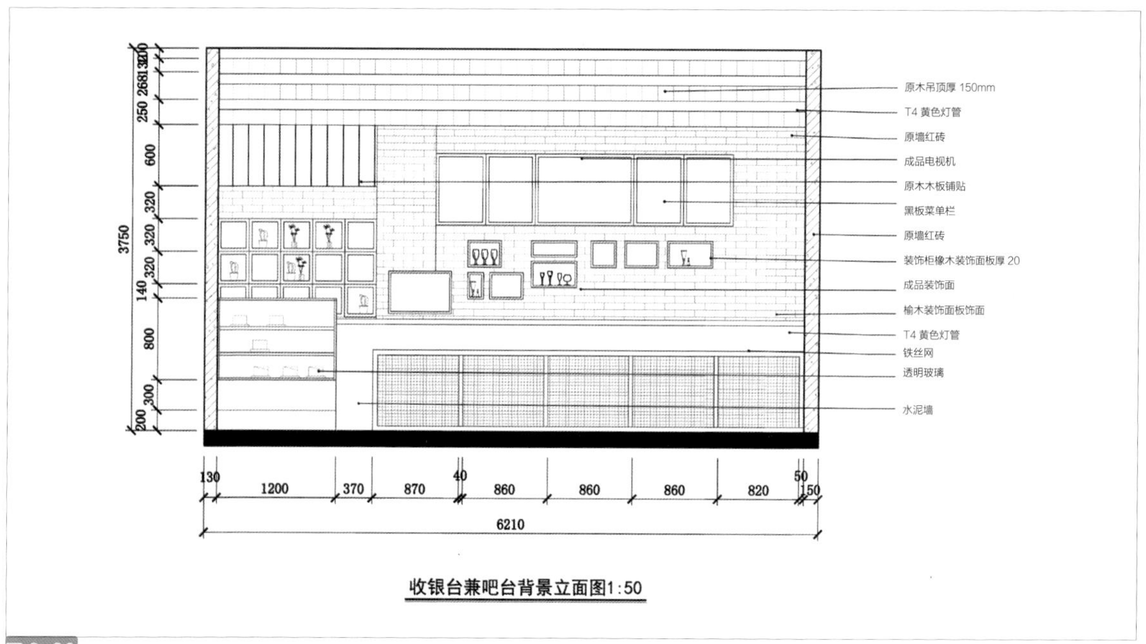

图6-38

在一层游戏区，主要运用橙色，橙色是欢快活泼的光辉色彩，是暖色系中最温暖的色相，橙色作为前景颜色来高亮重要的元素来传达一个热情、活跃和热烈的感觉，橙色与灰色和浅蓝色相配，可以构成最响亮、最欢乐的色彩。

图6-39 网络游戏区一角

图6-40 网络游戏区

大厅洽谈区，此区域的背景墙用经过干燥防腐处理的三角形木柴堆积成为一个独特的墙面装饰。钢筋可以转换为室内的分隔材料和书架材料，重新涂成黑色并交叉搭建成网格系统后，又勾勒出归本主义与众不同的独特品位。单元化定制的木盒可以满足不同的功能需要，构架上可以放置深度不一的书架、绿植。这个结构为空间提供充分的灵活性，体现现代主义的极简主义，“少即是多”的设计观念。

咖啡馆的空间格局设计通过这种分隔的做法来遮挡视线，似隔非隔，隔中有透，实中有虚；同时，也可以利用通道的回绕曲折相通，使人不能一目了然。适当的分隔还可满足部分客人不想被打扰的心理。

图6-41 大厅洽谈区

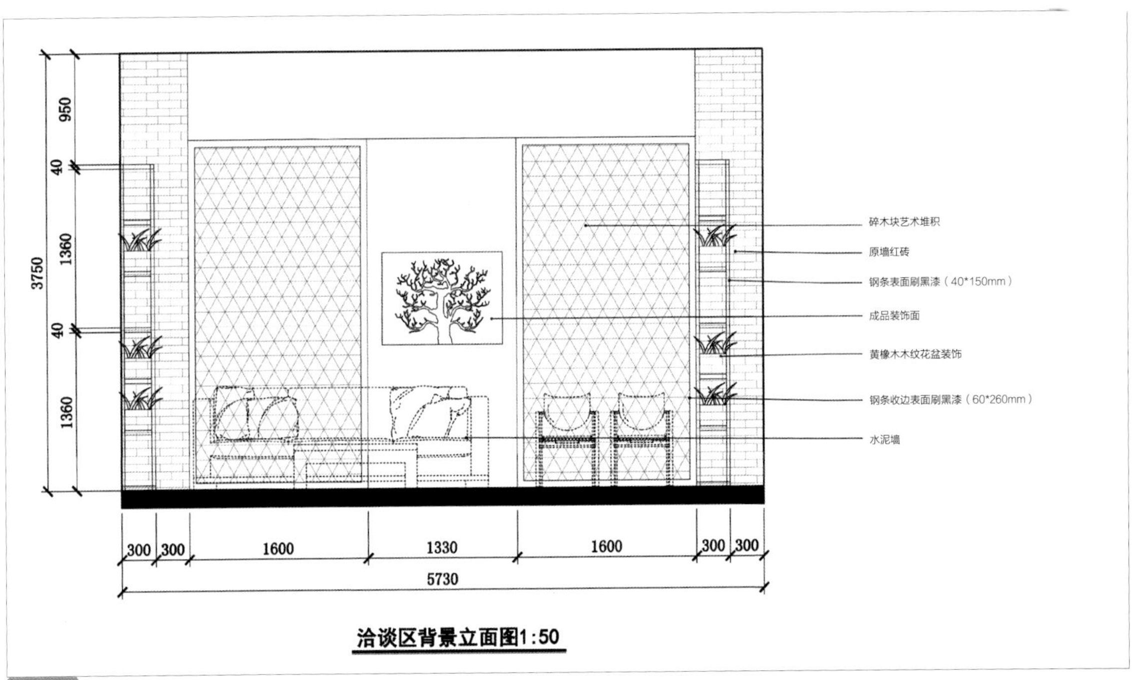

图6-42

掬一本书，品一杯咖啡，在晕晕的灯光下，倾听内心的声动，寻找真实的自我，提高生活的品位，在纷繁的生活中慰藉心灵的疲惫，在喧嚣的尘世里享受内心的宁静，净化心灵和修身养性。阅读是一种乐趣，可以纯享受。

在设计中，阅读与自然的绿植相结合，在狭小的空间中，小树的蓬勃生机，给人焕然一新，充满无限生机的气氛。在我们享受读书的乐趣的时候，不仅能闻到香浓的咖啡，还感受到自然的草木气息。

图6-43 阅读区局部

图6-44 阅读区

绿植能让咖啡馆充满生机和活力，成了一处室内氧吧。包厢的水泥墙面也做出了一些三角造型种植了丰富的绿色植物，来营造一个田园的氛围，其中的植物选择如吊兰、绿萝和剑蕨等都易打理、同时带有空气净化功能，在墙面上种植一些多肉佛珠等吸水少的植物。这些植土红砖墙面、精致的沙发和木质桌椅，与新鲜调制的咖啡一起为咖啡馆创造香气芬芳的舒适环境。

图 6-45

图 6-46

图 6-47

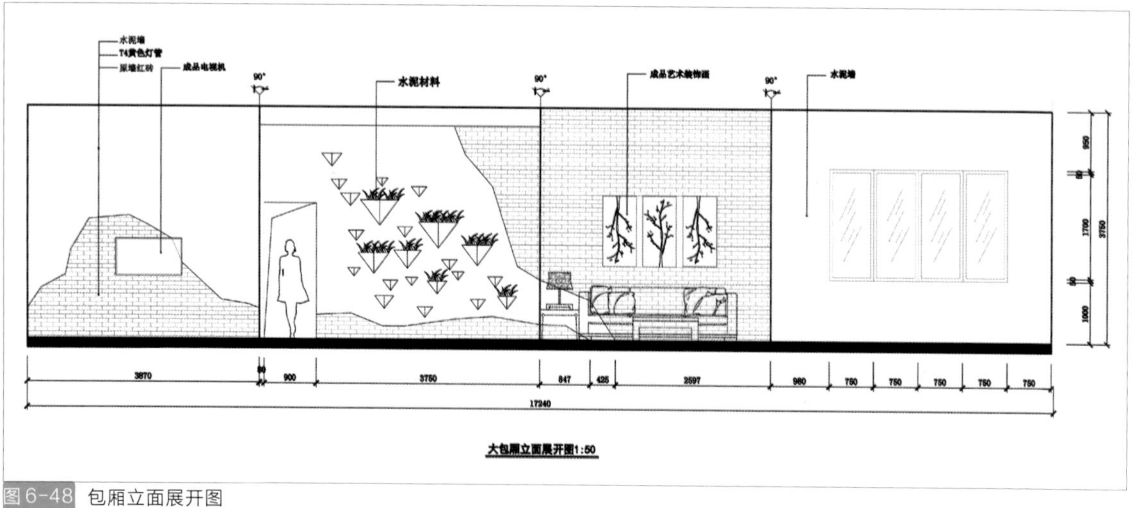

图 6-48 包厢立面展开图

6.3 景德镇市黄泥头雨水公园景观规划设计

6.3.1 项目分析

1. 目项来源

“海绵城市”概念

2012 年 4 月，在《2012 低碳城市与区域发展科技论坛》中，“海绵城市”概念首次提出；2013 年 12 月 12 日，习近平总书记在《中央城镇化工作会议》的讲话中强调：“提升城市排水系统时要优先考虑把有限的雨水留下来，优先考虑更多利用自然力量排水，建设自然存积、自然渗透、自然净化的海绵城市”。即城市能够像海绵一样，在适应环境变化和应对自然灾害等方面具有良好的“弹性”，下雨时吸水、蓄水、渗水、净水，需要时将蓄存的水“释放”并加以利用。提升城市生态系统功能和减少城市洪涝灾害的发生。

2. 气候条件分析

景德镇属亚热带季风气候，境内光照充足，雨量充沛，温和湿润，四季分明。根据 1981-2010 年最新气象数据，景德镇城区历年平均气温 17.8℃，年平均降雨量 1805 毫米。有气象记录以来极端最高气温 41.8℃ (1967 年 8 月 29 日)，极端最低气温 -10.9℃ (1963 年 1 月 13 日)。景德镇春季气候多变，时冷时暖，春夏之交常有冷暖气流交汇于境内，阴雨连绵；前夏梅雨期间，降雨集中，大、暴雨频繁，5、6、7 月份的常年平均降水量有 200-350 毫米，极易导致洪涝灾害发生，出梅后多受副热带高压控制，天气炎热，且湿度较高，会使人感到闷热难耐；秋季气温较为温和且雨水少；冬季常受西伯利亚（或蒙古）冷高压影响，盛行偏北风，天气寒冷。（图 49、图 50）

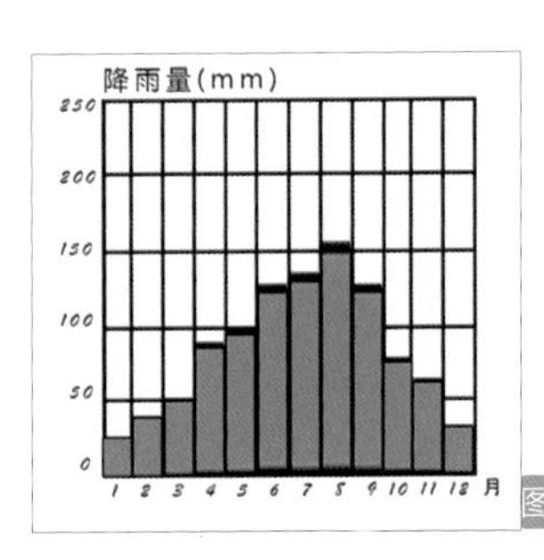

图 6-49

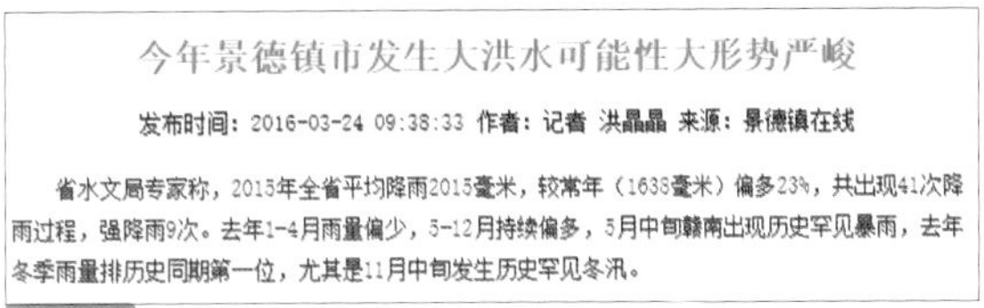

今年景德镇市发生大洪水可能性大形势严峻

发布时间：2016-03-24 09:38:33 作者：记者 洪晶晶 来源：景德镇在线

省水文局专家称，2015年全省平均降雨2015毫米，较常年（1638毫米）偏多23%，共出现41次降雨过程，强降雨9次。去年1-4月雨量偏少，5-12月持续偏多，5月中旬赣南出现历史罕见暴雨，去年冬季雨量排历史同期第一位，尤其是11月中旬发生历史罕见冬汛。

图 6-50 包厢立面展开图

3. 人群及人流量分析（图 6-51、图 6-52）

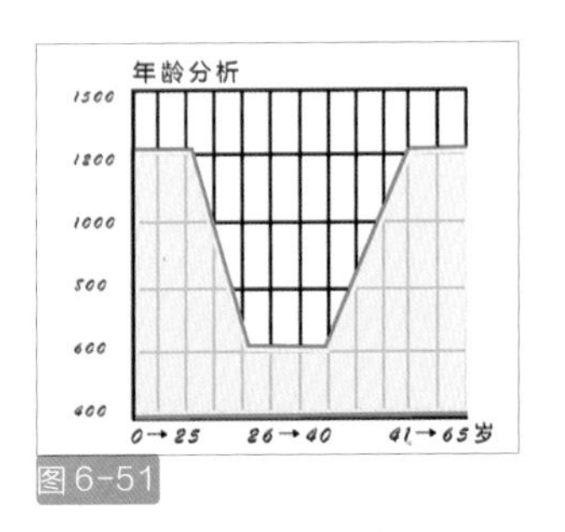

图 6-51

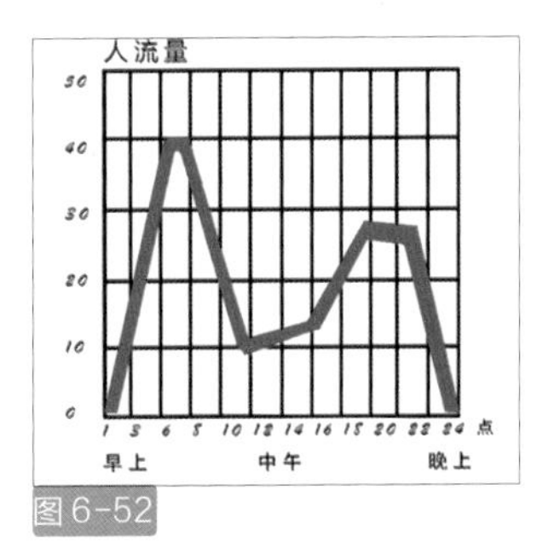

图 6-52

4. 地理环境分析

项目选址区域位于浮梁县湘湖镇的黄泥头村。黄泥头与南门头是景德镇城市的东西两头，南门头属于景德镇城区，黄泥头则属于景德镇的城乡结合地带。早期景德镇市区内唯一的公共交通就是黄泥头至南门头的公共汽车。泥头在景德镇的地理位置非常重要，属于景德镇城东的交通咽喉，是景德镇通往江西省婺源县和乐平矿务局各矿井的必经之地。(图 6-53)

景德镇地方铁路的控制、调度和指挥中心也设在黄泥头（图 6-54）。

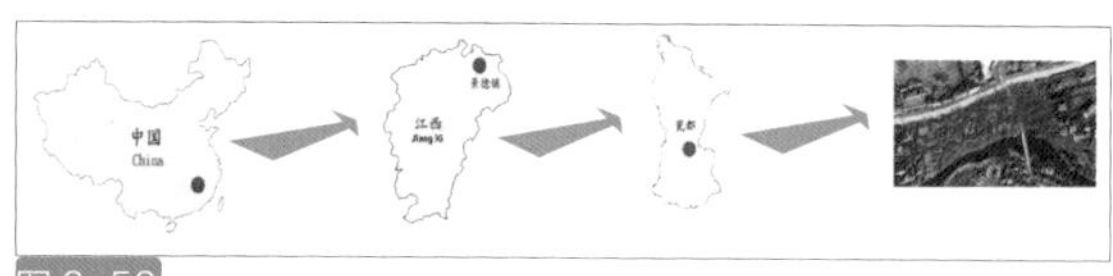

图 6-53

图 6-54

5. 地势条件分析

（1）丘陵地貌明显。主要用地为山地和农田，地形变化丰富。一条 40 米宽东西走向的河流，增添了滨河的水景。

（2）现状植被良好。规划区域场地范围内植物资源基础好、群落类型自然、类型多样、具有一定的景观基础。

6. 现状分析

（1）“城市内涝”——因地势低洼遭受暴雨袭击时，城市内涝。(图 6-55)

图 6-55

景德镇属丘陵地带，坐落于黄山、怀玉山余脉与鄱阳湖平原过渡地带，是典型的江南红壤丘陵区。市区内平均海拔 32 米，地势由东北向西南倾斜，东北和西北部多山，最高峰位于与安徽休宁接壤的省界地带，海拔 1618 米。景德镇市市区处于群山环抱的盆地之中，如遇持续的暴雨天气，市区易形成水患。

（2）交通事故多发段——省道 S308 与县道 X102 交叉路口。（图 6-56、图 6-57）

图 6-56

图 6-57

（3）水环境污染和水生态退化

周围的居民不仅扔生活垃圾，沿岸有的居民还把家畜产生的污水、粪便直排入河。南河下游较平坦，在水量少时，河流自净能力差，容易导致垃圾漂浮在水面。每逢夏季涨水，河道上堆积的大量垃圾不可避免地被冲向了下游。（图 6-58 图 6-59）

（4）小型公交枢纽站——基础交通设施不完善，车辆无秩序停放。（图 6-60）

（5）无公共休闲区域。（图 6-61）

6.3.2 设计定位

1. 设计理念

（1）什么是雨水公园?

雨水公园 (Rain Garden，也称 Bioretention）是低影响开发体系中一项重要技术措施，它以生态可持续的方式来实现，水面（如停车场、街道、庭院等）的雨水净化、滞留、渗透及排放，同时由于其显著的景观和生态功能，已广泛地应用在居住区、道路、商业区等不同类型的园林景观中。是自然形成的人工挖掘的浅凹绿地，被用于汇聚并吸收来自屋顶或地面的雨水，通过植物、沙土的综合使用使雨水得到净化，并使之逐渐渗入土壤，涵养地下水，或使之补给景观用水、厕所用水等城市用水。（图 6-62）

雨水花园也被称为生物滞留区，是指在园林中种有树木或灌木的低洼区域，由树皮或地被植物作为覆盖。它通过将雨水滞留下渗来补充地下水并降低暴雨地表径流的洪峰，还可通过吸附、降解、离子交换和挥发等过程减少污染，是一种生态可持续的雨洪控制与雨水利用设施。

图 6-58

图 6-59

图 6-60

图 6-61

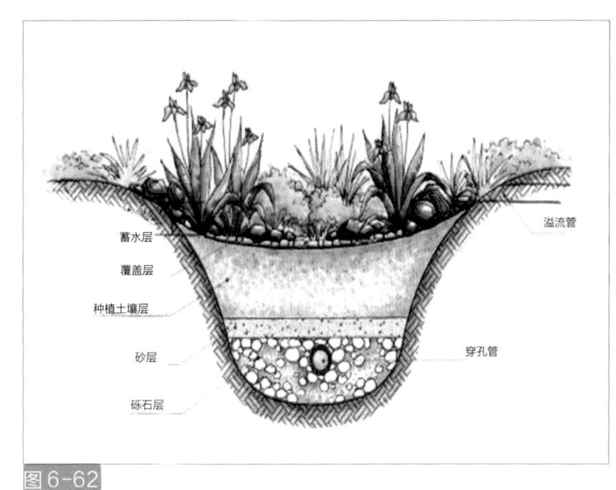

图 6-62

（2）雨水公园的功能

雨水公园的功能

除了能够有效进行雨水渗透之外，还有多方面功能：

①能够有效去除径流中的悬浮颗粒、有机污染物以及重金属离子病原体等有害物质。

②通过滞蓄削减洪峰流量、减少雨水外排，保护下游管道、构筑物和水体。

③减小水流速度、降低雨水对土壤的侵蚀、加快环境的恢复与复原等。

④通过对雨水的滞留吸纳，补充地下水源。

⑤通过合理的植物配置，雨水公园能够为昆虫与鸟类提供良好的栖息环境。

⑥雨水公园中通过其植物的蒸腾作用可以调节环境中空气的湿度与温度，改善小气候环境。

⑦雨水花园的建造成本较低，且维护与管理简单：与传统的草坪景观相比，雨水花园能够给人以新的景观感知与视觉感受。

（3）普通公园与雨水公园的区别（图 6-63、图 6-64）

普通公园是供公众游览、观赏、休憩、开展科学文化及锻炼身体等活动，有较完善的设施和良好的绿化环境的公共绿地。具有改善城市生态、防火、避难等作用。

雨水公园是自然形成的人工挖掘的浅凹绿地，被用于汇聚并吸收来自屋顶或地面的雨水，是一种生态可持续的雨洪与雨水利用措施。

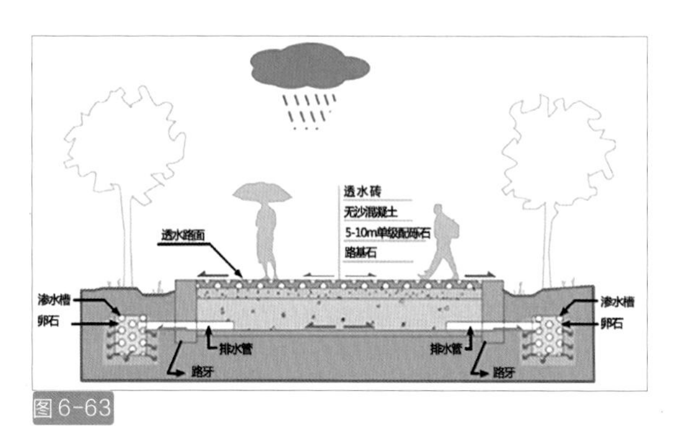

图 6-63

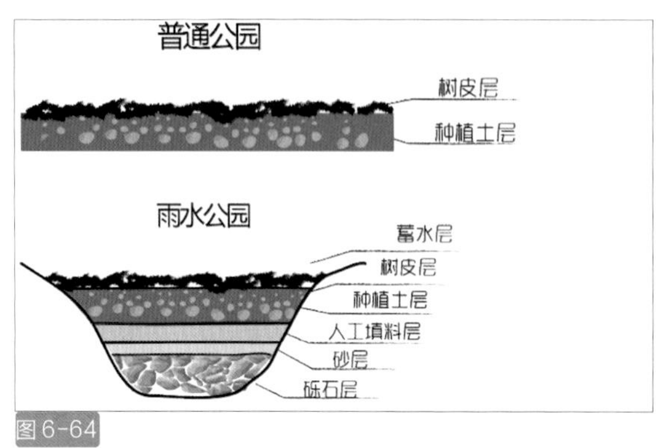

图 6-64

虽然说传统园林营造中有讲“无水不成圆”但这里水的目的还是提升景观效果 。然而雨水花园在满足景观需求的同时，强调进行雨水管理某种程度上甚至可以说先是水的花园，再是人的花园所以建造目的的差异必然带来结构上的差异。

其一就是土壤差异：

雨水公园要求在短期之内下渗透净化，一般 1-4 小时之内下渗完毕。因此土壤结构较普通花园更复杂的土层结构。

其二：植物选配

普通花园的植物，是根据当地气候条件，业主的支付意愿和管理能力来选配，以观赏性的草坪、植物为主。普通的公园植物，是根据当地的气候条件，公园的管理能力来选配，以观赏性的草坪、植物为主。

雨水花园特殊的功能性和后期的自给自足性决定了其选择的植物必须具有一定的抗逆性、根系发达、生长强势、可经受长期的干旱和短期的水涝。植物是雨水花园的重要组成部分也是景观重要的设计要素之一。

（4）结合实际案例运行本方案采用的关键技术

①芦苇蓄水区

②水生植物群落

③生态景观驳岸

④透水性铺装：景德镇陶瓷大学的环保型陶瓷透水砖，获得了该项陶瓷专利，打破了国外的技术垄断。为瓷产业的转型发展提供了技术支持。

目前，添加造孔剂法，利用碳粒、木屑等在高温下易于排除的特点形成孔隙，这种方法的优点是可以通过调整造孔剂种类和使用百分比来控制透水砖的孔隙率和孔径，缺点是碳粒与木屑等造孔剂难以与陶瓷原料混合均匀造成孔隙不均国内外制备陶瓷透水砖的方法常见的有两种。一种是匀影响透水系数；另一种是颗粒堆积法，利用矿物尾料、建筑垃圾、废瓷等借助烧结助剂黏结、堆积呈多孔结构，但这种方法破碎环节显著提高了能耗和成本，其次破碎的颗粒形貌区别大，产品稳定性不高。

我国南方有着丰富的离子型稀土资源，经过几十年开采，稀土尾矿堆积如山，严重影响着矿区周边的生态环境。离子型稀土尾砂是一种富含铝、硅的矿物原料，提取高岭土后的二次尾砂以粗颗粒石英居多，可满足颗粒堆积法制备陶瓷透水砖的要求。二次尾砂的粒径范围在 2.0 毫米 -0.043 毫米之间，其中 0.6 毫米以上粒径的颗粒占总量的 70%，可直接用于透水砖的制备。本文采用稀土尾砂为主要原料，通过添加合理量的低温砂、中温砂、黑滑石、石灰石和黏土等高温黏结剂用以制备陶瓷透水砖，并且重点研究了原料组成和工艺条件对陶瓷透水砖的强度和透水系数的影响。

2. 设计原则

（1）因地制宜原则：本着利用为主，改造为辅。根据黄泥头自然的地理条件、水文地质特点、降水规律、水环境保护与洪涝防治要求等，合理确定低影响和选用下沉式绿地、植草沟、雨水湿地、透水铺装、多功能调蓄等低影响开发设施及其组合系统。

（2）以人为本原则：强调人与自然的和谐共生，天人合一。考虑到黄泥头周边环境，为周边居民或景德镇增添一处休闲娱乐的公共场所。

（3）与水为友原则：与水为邻，与水为友。能增进人们对生态意识的责任意识。

6.3.3 设计内容

1. 总平面图（图 6-65、图 6-66）

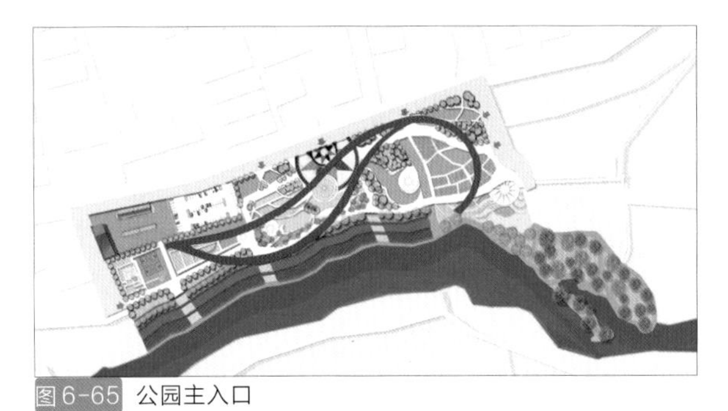

图 6-65 公园主入口

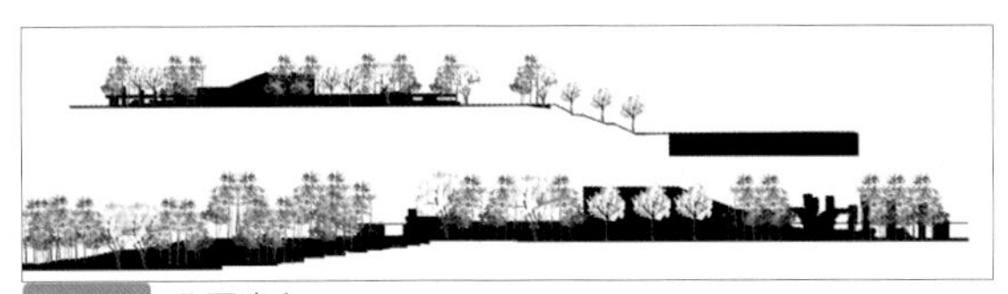

图 6-66 公园次入口

2. 主要景观图（图 6-67）

所示主要景观节点有 20 处。分为动线景观与静线景观，主要以滨河景观、雨水花园为主。内部休闲空间满足周边住宅区人群娱乐的需求，提供一个相对完善的室外休闲场所，总体定位为防护性绿地公园性质。

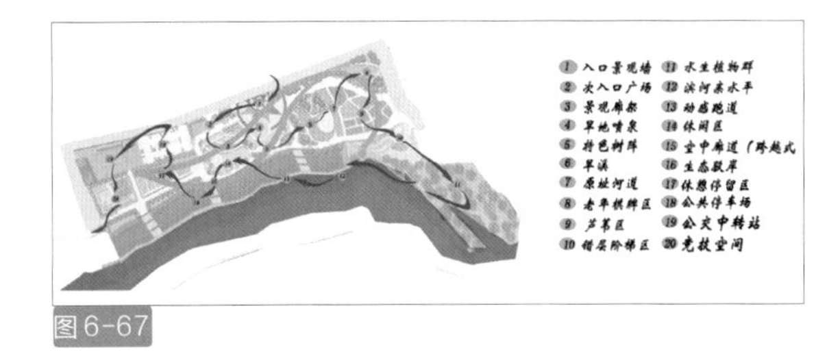

图 6-67

3. 功能分区划分（图 6-68）

所示主要景观分区 6 个。考虑到洪涝灾害严重、交通事故多发段及公交中转站面积小，因此着力解决这三点问题。结合景观的生态、功能和审美的要求，设计时主要考虑将该公园设计成具有多方面的综合功能生态绿地，主要包括公交中转站、停车场、广场区、生态驳岸区、植物水生群落、旱溪、芦苇蓄水区、公共休闲娱乐、交流活动以及儿童游乐等区域，其中每一个方面都有着十分丰富的内容。

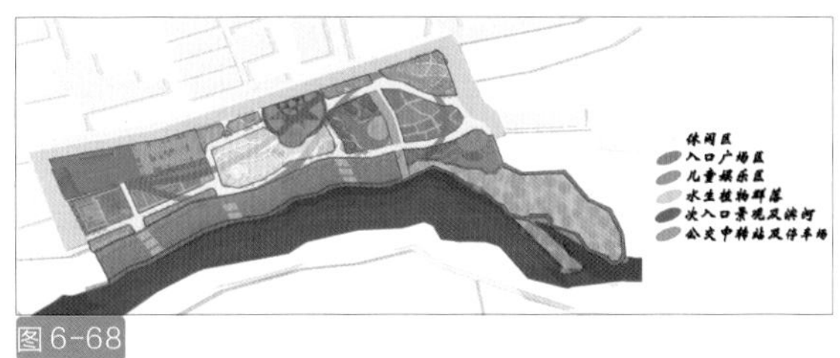

图 6-68

4. 道路交通划分（6- 图 69）

（1）主干道：主干道宽度 6 米，主要人流路线。基本串联公园内的入口广场、生态驳岸、水生植物群落、休闲娱乐区、儿童竞技区及观景平台等景观。

（2）散步道：此条路线为步行游园路线，路线宽窄不一，既有四面通达之感，又有曲径通幽之意。

（3）动感跑道：滨河的跑道可以使人在运动中愉悦。

（4）景观廊道：当梅雨季节来临，降水量增大的时候，临河两岸被淹的时候，还可以到景观廊道游览。

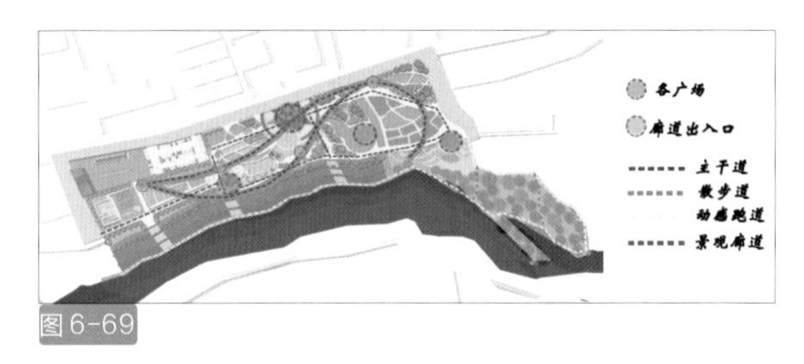

图 6-69

5. 鸟瞰图（6- 图 70）

总结本场地承担的功能：

（1）排洪功能：生态草沟、透水铺装

（2）防护功能：绿化隔离带

（3）休闲功能：游憩休闲

（4）交通功能：公交车小型中转站

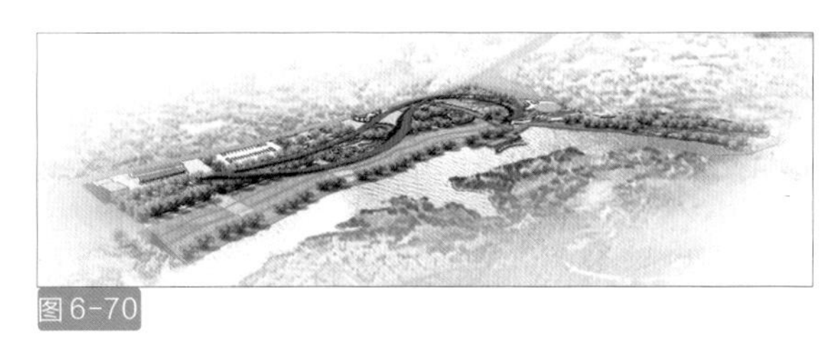

图 6-70

6. 核心景观

（1）主入口广场区（图 6-71、图 6-72）

图 6-71

图 6-72 入口广场

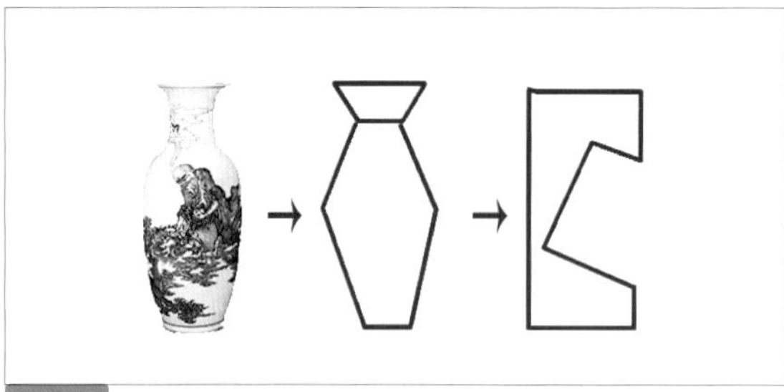
图 6-73

入口景观雕塑的灵感由青花瓷瓶的外形演变而来，通过外形与颜色的变换展示在园区入口给人一种庄严而又不失乐趣的景观感受。（图 6-73）

图 6-74

旱地喷泉，它是指将喷泉设施放置在地下，喷头和灯光设置在网状盖板以下。在喷水时，喷出的水柱通过盖板或花岗岩等铺装孔喷出来，以达到既不占休闲空间又能观赏喷泉的效果。水池、喷头、灯光均隐藏在盖板下方，水柱通过盖板盖板之间的小孔喷出，不喷水时表面整洁开阔。（图 6-74）

不喷水时，可以供行人行走，不阻碍交通。旱地喷泉既不占休闲空间，又能喷泉，为游人提供近水嬉戏的场所。表面饰以光滑美丽石材，铺设成各种图案和造型。喷水时，在彩灯映衬下尽显迷人魅力。

（2）旱溪区（图 6-75、图 6-76）

图 6-75

图 6-76

图 6-77

旱溪就是不放水的溪床，人工仿造自然界中干涸的河床，配合植物的营造在意境上表达出溪水的景观。在人造溪的时候，先是素土夯实，再碎石垫层，再混凝土，最后把天然石头放在之上。这样一来，即使在没有水的时候，露出来的依然是一种天然原石景观，就避免没水时难看的状况出现。旱溪在日本叫枯山水，有禅意、节水、低维护、方便介入等特征。旱溪也可以做河底，也可以用于防水。在雨季，也可以盛水，水旱两便。

（3）芦苇区（图 6-78~ 图 6-80）

图 6-78

图 6-79

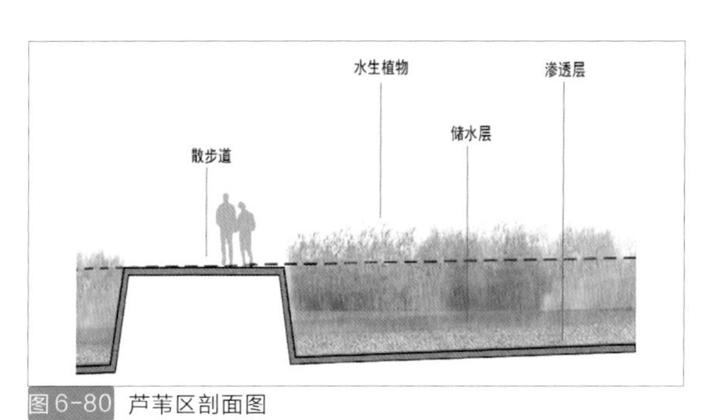

图 6-80 芦苇区剖面图

芦苇湿地是介于陆地生态系统和水生生态系统之间的过渡类型，是一种半水生、半陆生的过渡性植物。芦苇湿地生态条件变化幅度大，边缘效应显著，从而能为大量的生物提供多样化的生存环境。因此，芦苇湿地生态系统中的物种和种群十分丰富并具多样性，芦苇湿地可作为直接的水源或补充地下水，有效控制洪水，防止土壤次生盐渍化、滞留沉积物、有害有毒物质和富营养物质，有效降解环境的污染，以有机质的形式存贮碳元素，进而减少温室效应。芦苇湿地也是众多动物、植物生育的理想场所。为此，芦苇湿地除具有较高的生物生产能力的同时，也为人类提供了丰富食物、原材料和旅游场所。

（4）生态景观驳岸区（图 6-81~ 图 6-83）

图 6-81

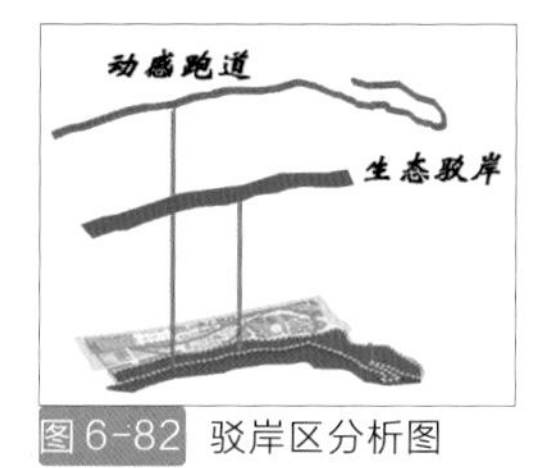

图 6-82 驳岸区分析图

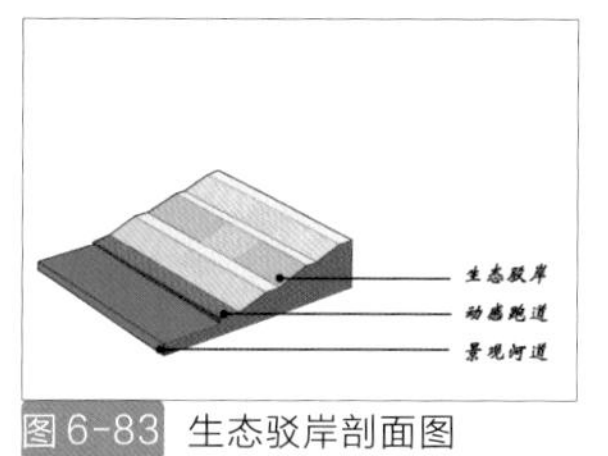

图 6-83 生态驳岸剖面图

生态驳岸是指恢复后的自然河岸或具有自然河岸“可渗透性”的人工驳岸，它可以充分保证河岸与河流水体之间的水分交换和调节，同时也具有一定的抗强度。

因地制宜，黄泥头南河河段的边岸坡度较缓，河道断面的设计因河道的坡度不同而设计不同，河道断面处理的关键是要设计一个能够常年保证有水的河道及能够应对不同的水位、水量的河床。这一点针对雨水量充沛但是主要集中在夏季，所以在雨水量较少，景观较差的时间，采取设计一种多层台阶式的断面结构，使其低水位河道时可以保证一个连续的蓝带，能够为鱼类生存提供基本条件，同时至少满足 3-5 年的防洪要求，当较大的洪水发生时，允许淹没驳岸。

动感跑道（图 6-84、图 6-85）

图 6-84 动感跑道效果图 1

图 6-85 动感跑道效果图 2

滨河亲水平台（图 6-86、图 6-87）

图 6-86

图 6-87 滨河亲水平台夜景效果图

河滨景观是自然形成的或人工挖掘的浅凹绿地，被用于汇聚并吸收来自屋顶或地面的雨水，通过植物、沙土的综合作用使雨水得到净化，并使之逐渐渗入土壤，涵养地下水，是一种生态可持续的雨洪控制与雨水利用设施。

城市滨河空间中驳岸景观的功能

①防洪功能

防洪护堤，蓄水排水是滨水驳岸的最基本功能，它的稳定性直接影响到人们的生命财产安全问题。在水位变化较大的河流驳岸改造中，这一点尤为明显。

②生态化功能

“驳岸生态化”是自然形成的河岸或者具生态环境保护的可渗透性的人工护岸。驳岸的生态化功能是个宽泛的概念，它包括调节水源、增强水体的自净、恢复水陆生态平衡等诸多方面的内容。

③景观功能

一个城市要彰显出自己的特色，在进行城市规划建设时与当地的自然环境相融合。作为城市滨水核心设计的驳岸不仅要满足人们视觉上的景观观赏，还要还要结合区域的发展来展现城市的景观特色。

（5）水生植物群落（图 6-88）

图 6-88

图 6-89

主要选择栽种植物选择水杉、杉木。考虑到景德镇雨水量充沛的季节和所处的地势比较低靠近河岸，土壤基本都是

湿地或者半湿地，在植物的配置上选择种植适合在喜湿润、耐涝的植物。（图 6-89）

（6）公交中转站（图 6-90~ 图 6-92）

图 6-90

图 6-91

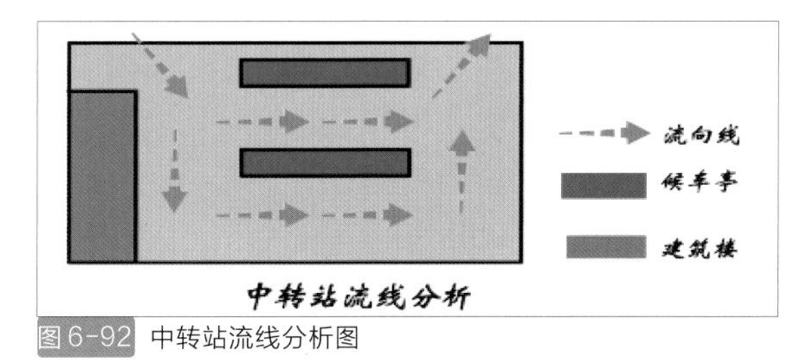

图 6-92 中转站流线分析图

整改后的中转站增加了两个中转车道将能更有秩序的引导公交车进行中转。本方案增加了黄泥头小型公交中转站建筑，整栋建筑将公交车停放处与员工办公和休息室结合为一体。一楼为公交车停放处与司机师傅转站休息室，二楼为员工办公室。中转车道与公车站设为 3 个，方便在此候车的乘客。（图 6-91）

（7）景观廊道入口（图 6-94）

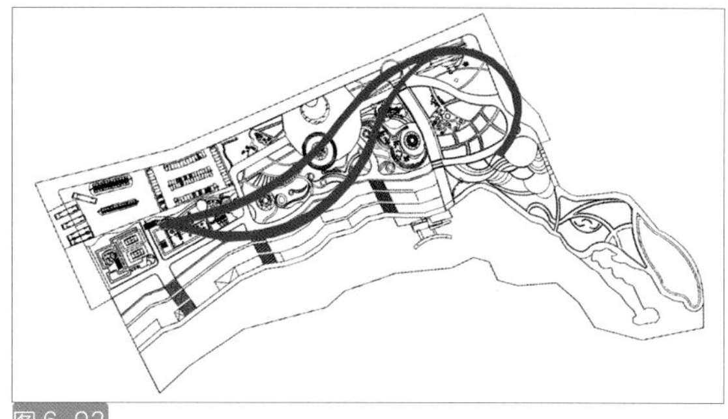
图 6-93

图 6-94

廊道特别的作用：雨水枯水期起观赏性作用，当降雨量增加，洪涝灾害来临时，可用于公园与公园外界连接的廊道。廊道周边设有防护栏。

（8）休闲娱乐区

①休闲区（图 6-95~ 图 6-100）

在这个区域可进行很多活动，既可进行有活力的娱乐活动又可在在树荫下放松心情。草木茂盛的区域长着厚厚树叶的树木和草坪交替而生，以草本植物和草地为主，点缀着野花。设置了大量座椅等可休闲的设施，赏心悦目的同时也增加了情感交流。

图 6-95 景观廊架效果图 1

图 6-96 景观廊架效果图 2

图 6-97 休闲区效果图 1

图 6-98 休闲区效果图 2

图 6-99 次入口休闲区

图 6-100 休闲区效果图 3

7. 娱乐区（如图 6-101）

对于每一个儿童来说，儿童游乐园意味着一个充满快乐的天堂。但是对于现在的零零后来说，去游乐园几乎成了一种奢望。一是由于家长的工作繁忙，没时间带孩子去游玩。二是城市到处都在建设，土地都被用来建设高楼大厦了，留给儿童们玩耍的地方越来越小。三是现在的儿童都被电脑、手机、IPAD 等数码产品吸引了注意力，导致户外活动越来越少。

此区域可以让小孩子和大人进行互动交流，在大自然中与孩子进行亲密接触可以很好地增加父母和孩子间的情感交流，和小伙伴一起玩耍能教会他们如何跟与人相处。（图 6-102、图 6-103）

图 6-101 娱乐区鸟瞰图

图 6-102

图 6-103

8. 植物配置（图 6-104）

（1）优先选择本地植物，适当搭配外来物种。本土植物对当地的气候条件、土壤条件和周边环境有很好的适应能力，在人为建造的雨水花园中能发挥很好的去污能力并使花园景观具有极强的地方特色。

雨水花园一般挑选耐水、耐湿性好，且植物植株造型优美的乔木作为常用植物，便于塑造景观和管理维护。常用耐水湿乔木有：湿地松、水杉、落羽杉、池杉、垂柳等。

图 6-104

（2）选用根系发达、净化能力强的植物，植物对于雨水中污染物质的降解和去除机制主要有三个方面：一是通过光合作用，吸收利用氮、磷等物质；二是通过根系将氧气传输到基质中，在根系周边形成有氧区和缺氧区穿插存在的微处理单元，使得好氧、缺氧和厌氧微生物均各得其所；三是植物根系对污染物质，特别是重金属的拦截和吸附作用。如芦苇、芦竹、香蒲、细叶沙草、香根草等。

图 6-105

9. 铺装选择——透水性铺装（图 6-105）

透水性瓷砖利用赣南离子型稀土尾砂为主要原料，可以制备出符合国家标准的陶瓷透水砖，并且研究了尾砂的用量、烧成温度、保温时间和成型压力对制备试。

样性能的影响规律，得到以下结论：

（1）稀土尾砂用量的提高，陶瓷透水砖的抗折强度不断降低，而透水系数先增大后减小，合理的尾砂使用量为 75%。

（2）陶瓷透水砖的透水系数主要由内部孔径大小决定的。试样烧成温度从 1200 ℃提高到 1260 ℃，抗折强度逐渐增大，虽然孔隙率逐渐减小，但在 1240 ℃试样孔径最大约为 0.8 毫米，表现出最大的透水系数。保温时间对其影响规律与烧成温度相似，当保温时间为 30 分钟时表现出最大透水系数。提高成型压力，会提升陶瓷透水砖的致密性，增大抗折强度，孔径变小，导致透水系数降低。

（3）优化的制备工艺参数为：烧成温度 1240 ℃、保温时间 30 分钟、成型压力 12 兆帕，此时透水砖样品的抗折强度和透水系数分别为 5.5 兆帕和 3.0 × 10-2 厘米 / 秒。

9. 景观小品设施（图 6-106）

图 6-106

6.3.4 设计总结

在规划设计的过程中，我们搜集并浏览了很多资料，结合景德镇地域文化规划设计的黄泥头雨水公园，解决了黄泥头现存问题，给附近居民提供了一个丰富的娱乐场所。然而在方案设计的过程中问题不断，这样的情况下则需要考虑更多，更为细致的平面细化方案。一步步的推敲雨水花园各区域景观的合理性，还要考虑沙盘模型的制作比例及预想效果。幸而，最后在我们指导老师们的帮助下理清了思路，顺利的进行了后续工作。在此，我们特别感谢老师对于我们的指导和帮助，谢谢她们给予的支持和帮助。对于毕业设计我们一直严谨对待，特别荣幸我们的毕业设计能够得到老师的点评，感谢大学四年教予我们成长。

6.3.5 设计展板

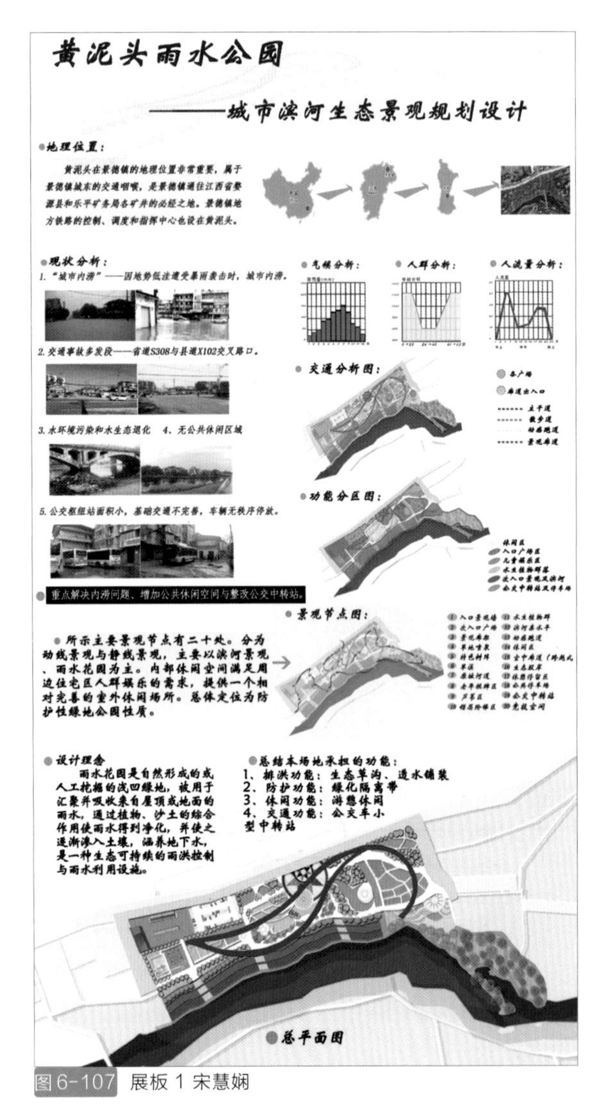

图6-107 展板 1 宋慧娴

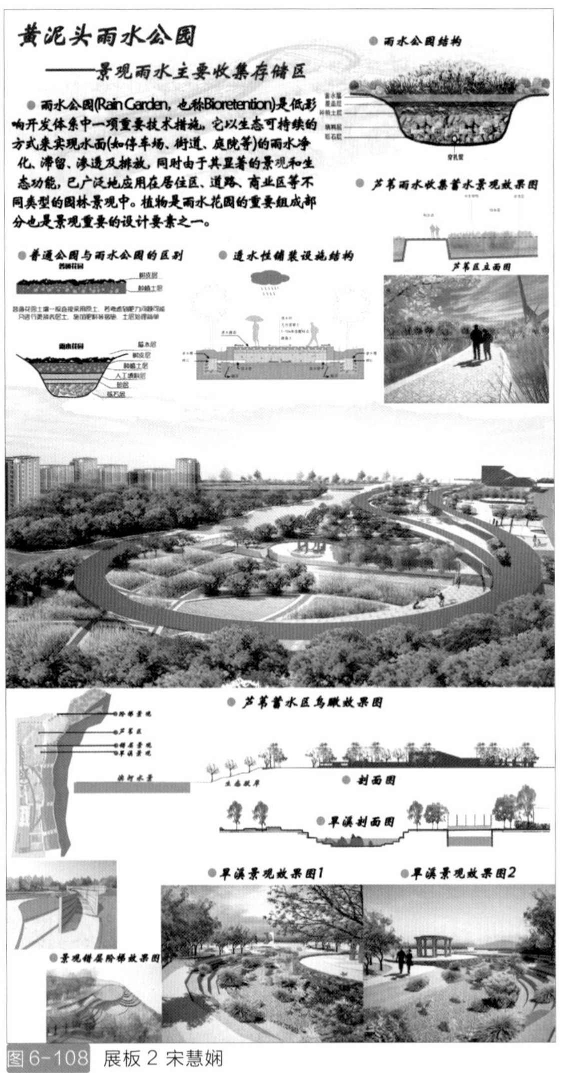

图6-108 展板 2 宋慧娴

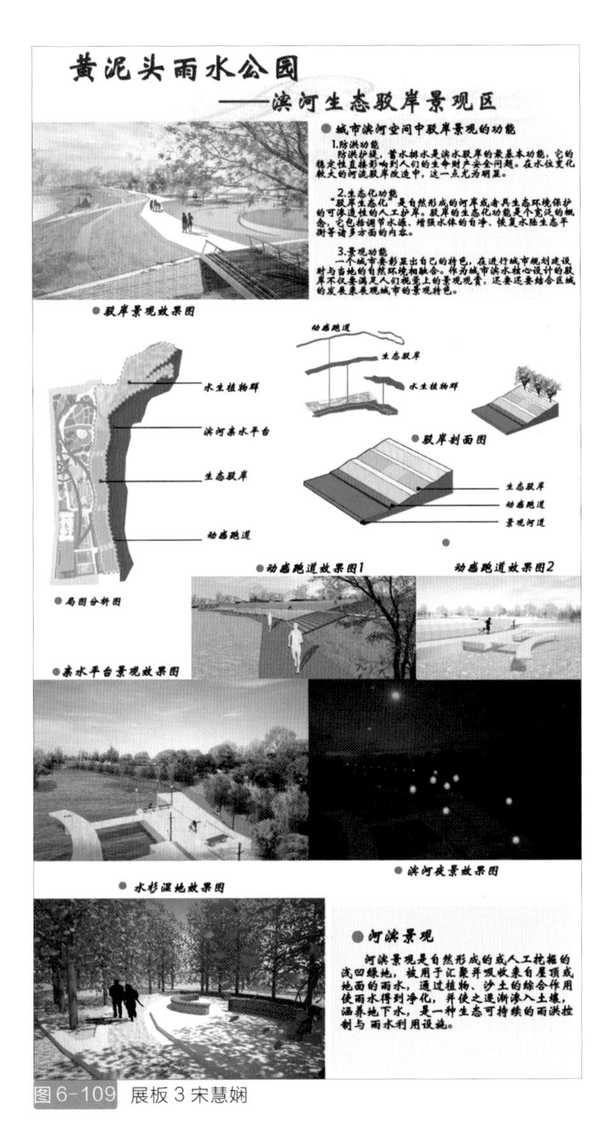

图 6-109 展板 3 宋慧娴

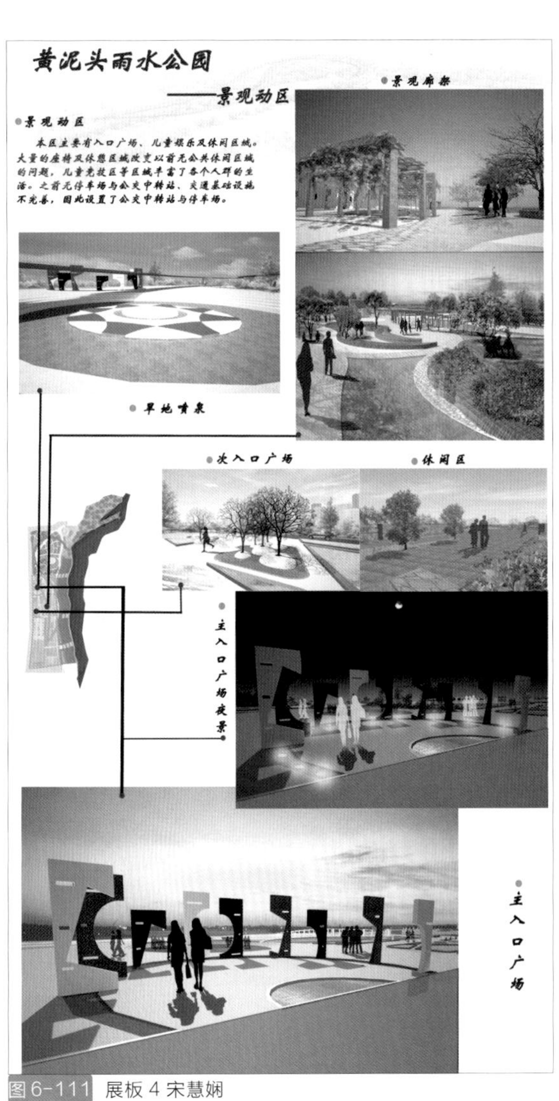

图 6-111 展板 4 宋慧娴

06- 优秀学生作品

图6-110 展板5 宋慧娴

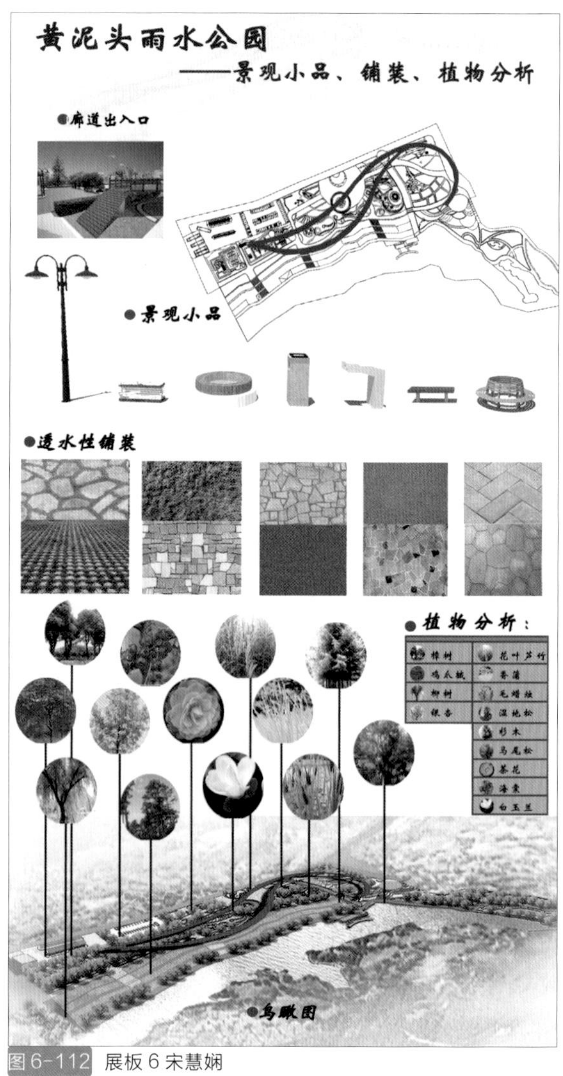

图6-112 展板6 宋慧娴

6.4 景德镇市多肉主题植物园景观规划设计

6.4.1 项目分析

植物园是研究发掘利用植物资源，应用于经济生产和城市绿化，并向群众开展植物学科普工作的机构，是现代城市绿化建设的重要组成部分和文化科学水平的衡量标志之一。然而尤以陶瓷旅游资源对外界的影响力占优势的景德镇——在陶瓷历史博物区、雕塑瓷厂明清园、瑶里风景名胜区等景点，不仅可以欣赏到精湛的陶瓷技艺，还可以自己动手制作瓷器，故也被称为手工城市。在生态建设方面却有些不足：无论植物园还是生态园均缺少对多肉植物的科普展示或种植培育，多肉植物品种繁多，日常生活中认识和了解的渠道并不多，绝大部分人，甚至是已经养了多肉植物的爱好者也还是知之甚少，缺乏对多肉植物的知识储备。更容易致使不懂的人听风入坑或做买卖，挑起市场波动，既可能造成多肉因养护者的专业知识不够而成活率低，造成物种资源浪费。又破坏多肉市场平衡，容易对社会造成不良影响，故本项目定为江西省景德镇市多肉主题植物园设计方案。

1. 气候条件分析

景德镇属亚热带季风气候，境内光照充足，雨量充沛，温和湿润，四季分明。有利于多种植物的生长繁育。春季气候多变，时冷时暖，春夏之交常有冷暖气流交汇于境内，阴雨连绵；前夏梅雨期间，降雨集中，大、暴雨频繁，5、6、7月份的常年平均降水量有200-350毫米，极易导致洪涝灾害发生，出梅后多受副热带高压控制，天气炎热，且湿度较高，会使人感到闷热难耐；秋季气温较为温和且雨水少；冬季常受西伯利亚冷高压影响，盛行偏北风，天气寒冷。

2. 地理环境分析

项目选址区域东邻杭瑞、景鹰两条高速，西近景德镇陶瓷大学，北接308省道，在区域位置上可谓景德镇东部的“门户”。在典型的江西省地理地形和土地利用“六山一水二分田，一分道路和庄园”的比例轮廓下，可见此处依山傍水，风景秀丽，自然生态气息浓重。（图6-113、图6-114）

图6-113 区域卫星地图

图6-114 实地考察照片

3. 地势条件分析

（1）优势条件

①丘陵地貌明显。主要用地为山地和农田，地形变化丰

富。一条 40 米宽南北走向的河流，为植物园的建设提供了良好的山水风景架构。

②现状植被良好。规划区域场地范围内植物资源基础好，群落类型自然、多样，具有一定的景观基础。

③地域特色明显。位于景德镇这个千年瓷都的历史文化背景下，极具地域特色，为多肉主题植物园里多肉的造景形式上提供了大量的参考元素。

（2）不足条件

景德镇降雨较为集中，春夏之交阴雨连绵; 前夏梅雨期间，降雨集中，大、暴雨频繁，极易发生洪涝灾害。而多肉植物部分品种不易潮湿闷热，不适宜露天种植。

6.4.2 设计定位

1. 设计理念

借助于景德镇传统的陶瓷艺术底蕴，辅以丰富的多肉植物和其他植物，使多肉主题植物园更具特质。在满足教学、科研、保护等植物园基本功能的基础上，将园区因地制宜地融入现有的山水环境中，保护、保持和恢复场地的自然特性和文脉，强调可持续地利用自然资源和为人服务的宗旨。既尊重景德镇传统的陶瓷艺术理念，具有时代特征，又兼顾公园的游览功能，满足景德镇城市居民休闲活动的需求。也为人们提供一处科普启智、科学研究、人与自然和谐共生的理想栖息地。

植物园命名为“好多肉”多肉主题植物园。“好多肉”一语双关，既点出了此多肉主题植物园中种植、培育乃至展示的多肉植物种类之多，“好”字亦作为一个形容词，来表明对多肉和多肉植物馆的肯定和喜欢。

2. 设计原则

（1）适用性原则：地形的处理本着利用为主，改造为辅的原则。设计中进行了局部抬高和降低的设计改造，让整个空间更有层次感，地形富于变化，人们身在其中，也更有一种开敞舒适感。

（2）美学生态性原则：在植物配置中充分考虑植物的生态特征及植物品种的多样性，在种植主要植物多肉的基础上，选择与其搭配合适美观的植物和材料。

（3）可持续性原则：充分考虑植物本身的生活习性，优化其栽培管理，以保证健康茁壮成长。

（4）创新性教育原则：规划的科教区加以设置栽培繁殖技术研究工作室，培育适合本土生长的优良品种，拓展市场；加强推广力度，普及多肉植物知识，不定期举办展览，做到仿效与创新相结合，把引进、繁育、保护自然资源与相应的文化、历史资源相结合，做到保护资源与传承文化。

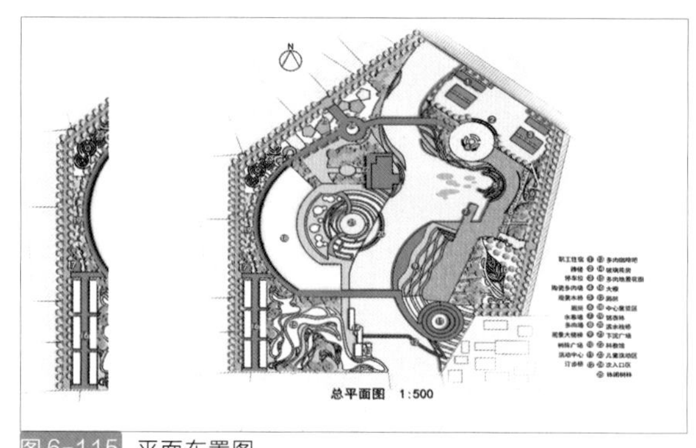

图 6-115 平面布置图

3. 风格定位

多肉主题植物园的规划一是来展示植物世界的奇妙，二是唤醒人们的环保意识。植物园的功能要求，以及位于景德镇这个地域特色极强的区域定位下，功能布局线条上糅合了曲线、现代两个风格，师从自然，表现热烈而旺盛的自然活力，简约而不单调。建筑及多肉植物温室大棚的设计上则更多的偏向现代工业风，多肉植物的配置设计强调其自然生态，最美的是在自然中的状态。（图 6-115）

6.4.3 设计内容

1. 园区区域划分

考虑到多肉植物的生长习性加上区域气候上的不利条件，植物园内建造温室大棚，通过模拟原生地带的气候和地质条件的方式，内部大规模运用多肉植物来造景。结合景观的生态、功能和审美的要求，设计时主要考虑将该植物园设计成具有多方面的综合功能生态绿地，主要包括入口停车、广场区、科普教育、中心展示、种植培育、公共休闲娱乐、交流活动以及儿童游乐八个区域，其中每一个方面都有着十分丰富的内容。（图 6-116~ 图 6-118）

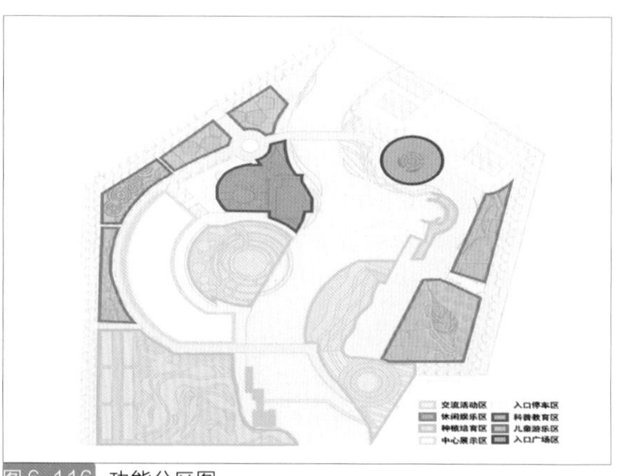

图 6-116 功能分区图

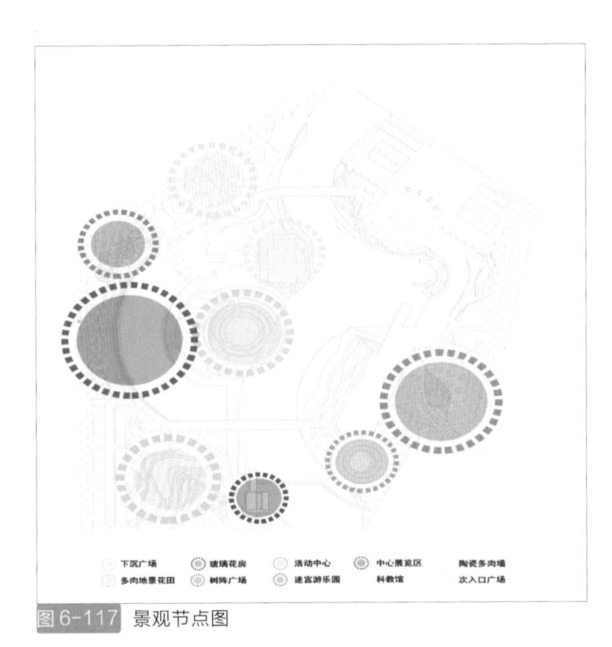

图 6-117 景观节点图

为提高对游人的吸引力和科普目的，园内各区安排有完善的解说系统，一目了然：科普教育区设有科教馆，中心展示区为温室大棚。第三个种植。

培育区设有六个长 25 米宽 6 米规格的大棚，植物园的东西两侧为公共休闲娱乐区，交流活动区分为三个部分，集中分布在核心景观四周。为更多游人认识自然、欣赏自然和保护自然起最广泛的科普宣传作用。

图 6-118 鸟瞰图

2. 道路交通划分

（1）主干道：主干道宽 6 米，兼观光游览车和人流路线。基本串联植物园内的入口广场、科教馆、温室大棚、活动中心、观景平台这些主要景观。

（2）次干道：次干道为人行主干道，最宽处 6000，最窄处 680。环绕园区一圈，可细致游览完全园大景观。

（3）人行散步道：此条路线为步行游园路线，路线宽窄不一，既有四面通达之感，又有曲径通幽之意。

（4）消防通道：环绕在植物园外围的是消防通道，除去两边的灌木，净宽 6 米。平时亦可过车走人，不失为周围居民散步跑步路线的好选择。

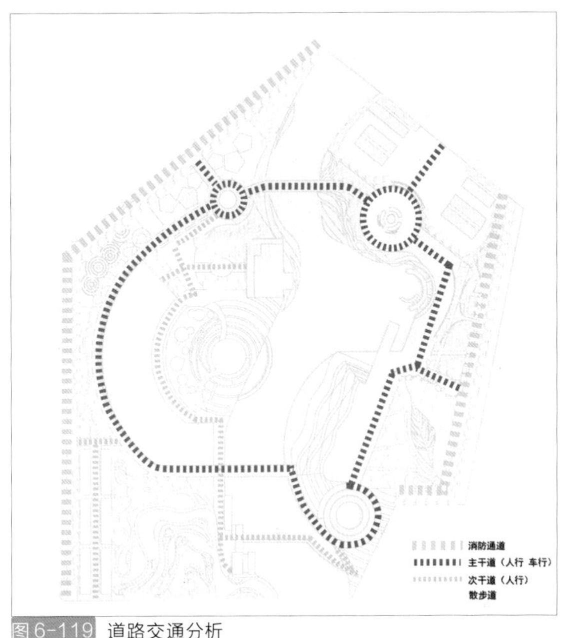

图 6-119 道路交通分析

图 6-120 入口广场

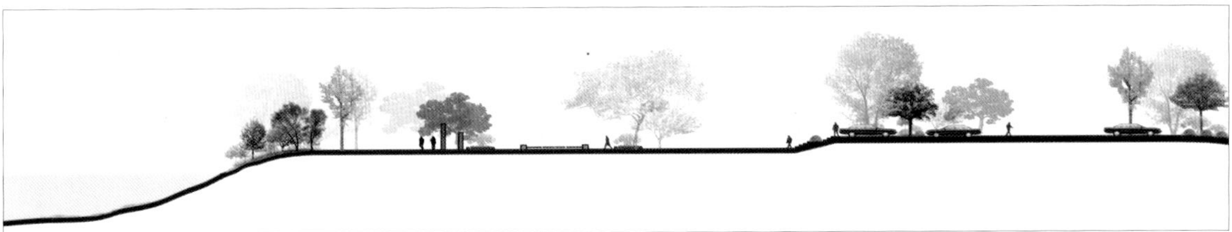

图 6-121 停车场及入口广场剖立面

3. 核心景观

（1）主入口广场

由于该项目区位较偏，又位于高速出口，私家车来此是绝大多数人的选择，故入口景观前半部分为停车场。后半部分为入口广场，广场前设置喷泉及多肉、陶瓷艺术墙，河岸改造较为平缓，布置滨水景观。（图 6-120）

图 6-122 多肉科教馆

（2）多肉科教馆

目的在于把多肉植物世界的客观自然规律以及人类利用、改造培育的知识展览出来，供人们参观学习。按照多肉植物进化系统分科、分属布置，井然有序地反映出其人类培育的进化过程，使参观者不仅能得到多肉植物进化系统的知识概念，而且对它的分类及种、属特征也有概括的了解。（图 6-122）

图 6-123 多肉温室大棚

（3）多肉温室大棚

大棚外观上配合园区平面构成风格，以简洁明快的近圆形弧线，为美观在南部转折达到与路面平行内部平面以小说情节的开端、发展、高潮、尾声的概念来布局展示。各式多肉植物墙串联全局，渐入佳境，仿若读了一个绚烂多彩的故事。大棚主入口为开端，以桌面排列方式布展置，大棚两侧展区设计融入了江西传统建筑的青瓦白墙、马头墙等元素，丰富以桌面排列为主的展示设施。桌面上摆放独盆独棵的多肉植物，并配有相关的名称名片，方便进入大棚人们再一次了解多肉植物常见品种。第二部分的发展处，配以陶瓷器皿和陶艺来展现不同的趣味，部分区域辅以树艺，配合棚内水景以临近展示行为的高潮。（6-123）

大棚的中心入口处即为温室大棚展示的高潮，一进门便与多种多样的多肉植物，各式各样的组合形式撞个满怀，既通观全局，又引人入胜。在此展示区里细分不同主题的园区，提供风格迥异的搭配效果和乐趣。这个部分为此温室的着重点和最为出彩的部分。在反映植物分类系统的前提下，结合生态习性要求和园林艺术效果进行布置。这样做既有科学性，又切合客观实际，形成较完美的景观外貌。最后，尾声处则强调意犹未尽之感。

图 6-124 效果图

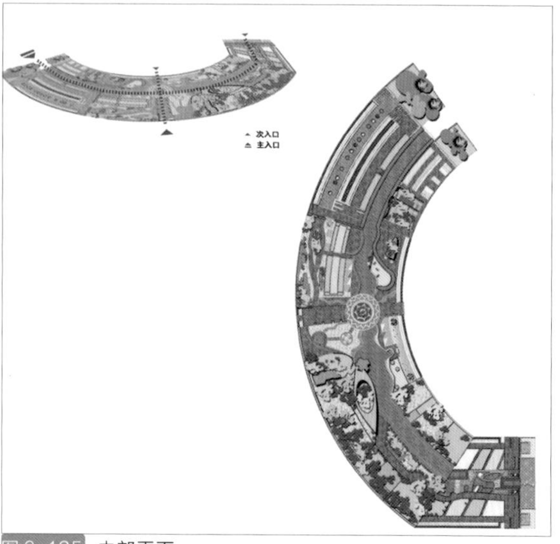

图 6-125 内部平面

以能引起人们猎奇心理的多肉仙人掌科和百合科的十二指卷为结局。此处亦为温室大棚的出口，在地面上增加装饰性的铺装，既是收尾，又是另一番景致的开始。（图 6-124、图 6-125）

（4）交流活动中心

分为三个部分：一是位于温室大棚中心入口前，下沉式平台的设计，多层次的展现多肉植物室外配置景观。二是借鉴客家传统建筑围屋造型，设计的活动中心建筑。内部空间一层以陶瓷工作室、画室、摄影棚等便于学生或游客的学习与展示，二层相对较为清净，供休闲品茶。三是活动中心对岸的玻璃花房，此处不仅有咖啡馆，还设有多肉的寄养领养平台，一方面可以将家中成长状态不太乐观的多肉送来寄养，另一方面可以信息登记领取盆栽多肉，如若将繁殖成功的多肉回馈给植物园则可领取另一品种，如此充分调动人们参与的积极性。（图 126）

图 6-126 活动中心效果图

4. 次要景观

（1）公共休闲娱乐区

分布在植物园的东西两侧，西侧临近包括景德镇陶瓷学院在内的相对高密度人口居住，故此处游乐以少儿游乐区为主，树木孤植为辅形成较为独立的休闲小广场。东侧从入口广场到交流活动中心之间，兼具休闲娱乐功能和不定期的展览场地。此处设有村庄入口。左侧为树木列植的树阵广场及观景平台，满足游客及周围居民的休闲娱乐。（图 6-127、图 6-128）

图 6-127 次入口效果图

图 6-128 儿童游乐区效果图

（2）种植培育区

6 个长 25 米，宽 6 米的种植大棚，包括对多肉植物的母本、珍贵品种以及寄样领养进行保护和培育，为植物园中多肉植物的保障，也是对外展示的另一种方式。呼吁更多的人和组织来重视植物的重要性，参与到保护植物、保护人类的未来落实到行动中去。该区域还包括 0.4 公顷左右的多肉地景，其间道路线条圆滑富于变化，道路之间造微丘陵地势地貌，用于多肉品种配置实验田，达成室外景观。

5. 多肉植物的造景形式设计

本设计方案运用的多肉植物在造景形式上，绿篱、垂直绿化以及花台三种为主要形式，拼盘，绿雕，屋顶绿化为辅助形式。（图 6-129）

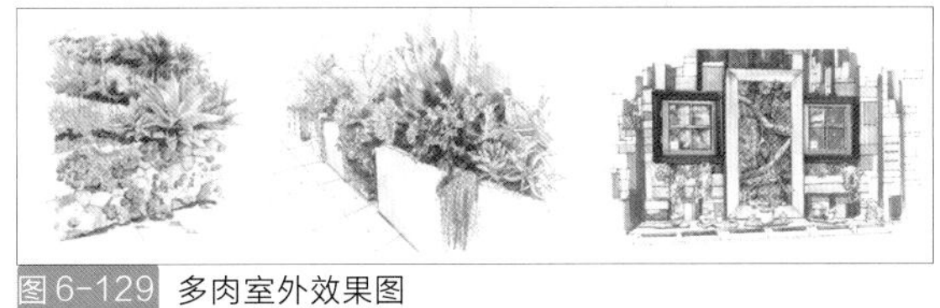

图 6-129 多肉室外效果图

（1）多肉绿篱

多肉植物体型较小，结合陶瓷、砖、石等材料做绿篱，在陶瓷、砖石的拼装下种植多肉植物，以达到分隔空间的作用。多肉植物做绿篱的品种选择简单方便、耐阴能力强、耐修剪、色彩稳定的万年草、佛甲草等品种。例如无锡马山田园东方景观中大量运用到佛甲草做绿篱，石块以自然的方式叠加，排水通畅，有益于佛甲草的生长。同时这些石缝也给佛甲草提供了竖向的生长空间。草和石块的结合相得益彰，层次更加丰富，营造了很好的视觉效果。

（2）多肉绿雕

多肉绿雕是以多肉植物为原材料，通过特殊种植方式创造的植物造景作品，在园林中可以作为主景来表达一定的主题性和趣味性。本方案中主要以温室大棚内部为主，方便管理和展示，品种上选择枝叶密、耐修剪、生长缓慢的多肉品种，注意各品种之间色彩的搭配。作品的背景为白色大棚和中水景，与此可形成色彩鲜明的对比。其次，作品放置在大棚内部的主干道旁，接近中心入口区，并留出足够的距离以方便观赏。

（3）多肉花台

多肉花台是一种以多肉植物的体形、花色以及花台造型等为观赏对象的植物景观形式。多肉花台高于地面，高度大于500mm，花台集中置于建筑物的周围以及道路两侧。其造型材料多种多样，采用陶瓷、砖、石、木、竹、混凝土等材料砌筑台座；亦有以旧物利用，喷泉、枯木、鸟笼等都设置成为造型各异的多肉花器，与多肉植物取得很好的协调作用。多肉花台采用具有垂挂特性的品种，和花台相结合，部分形成小规模的多肉瀑布流，在园区中起到点睛的作用。

（4）多肉垂直绿化

垂直绿化在净化空气、减少污染、防治噪音、改善小气候等方面起着十分重要的作用，也是增加城市绿化率、提高城市绿视率的有效途径和主要方法。近年来，多肉植物也被应用到垂直绿化之中，故在本方案中也着重运用到这样的造景形式。多肉垂直绿化也被称为多肉花墙，其基本构成是在墙面或其他竖向基面上制作一层网格化的种植菜层，种植菜层有的为向内倾斜的种植槽，有的则是分为的可拼组、挂装的种植模块。由于位置的特殊性，在此基础上种植多肉植物的不便更换，则选用浅根系植物，采用生命力强、病虫害抗性强的品种，方便后期管理。

多品种的多肉植物相互搭配，加之与陶盆、树枝等其他材质相结合，产生意想不到的观赏效果。较为大型的多肉花墙运用于建筑外立面，起到美化环境、隔温、隔音的作用。活动中心建筑部分山墙采用种植盒堆垒的方式形成斜坡式绿化种植面，栽植佛甲草，既形成丰富的立体绿化景观层次，又利用植被及土壤层等增强室内的隔热、保温效果，形象独特，效果良好。临水的玻璃花房中的咖啡吧，设有新颖别致的多肉垂直花墙，这处垂直景观用陶土花盆一排一排整齐镶嵌，通过陶盆从上往下依次向内缩进，使得由墙顶灌溉而出的水能方便地从上层渗透至下层，以免造成积水。这里是一处惬意的咖啡吧，多肉花墙是美观的观赏对象和消音屏障。

6. 设施设计

（1）花坛座椅设计

座椅设计思路一是受到景天科景天属的天使之泪外形的启发，从其卵形、光滑的叶片入手，调整其组合形式，在此入口处形成休闲娱乐的花坛兼座椅。二是从番杏科的生石花造型提取，座椅设计的一部分借鉴其两片对生联结而成为倒圆锥体的造型。材料上整体均以石材为主，侧面添加陶瓷碎片作为装饰元素。这两样材料都具有良好的耐用性和抗腐蚀性，内外皆宜。

（2）灯具设计

灯具设计着重在草坪灯，灵感来源于多肉灯泡的形态，其亮晶晶的植株光滑圆润，晶莹剔透，就像节日里闪烁的灯泡。又像一颗璀璨光滑的明珠，既清新自然，又高贵典雅。这样自然而又人工的造型赋予草坪灯的功能，给植物园更添趣味性。草坪灯材料上采用透光性极好的薄胎瓷，显出其地域性色彩。

图 6-130

（3）多肉遮阳遮雨设施设计

考虑到会有对于多肉植物来说较为而恶劣的天气状况，露天的多肉景观需要遮风避雨，多肉遮阳遮雨设施在未启用时是可作照明作用，造型上接近“开”字形状，横端下方设有灯片，左右两边可拉出内部卷装的塑料薄膜；应用时连接到另一设施上，接连成片可暂时给多肉植物遮风避雨。

（4）防盗设施设计

随着多肉的流行而起的多肉被盗的新闻也层出不穷，本植物园中也考虑到防盗设施：园四周设有围墙，内部空间包括在中心景观的温室大棚里，种植区的大棚中均设有摄像头，几个入口处均有保安室监管。

6.4.4 项目设计总结

在规划设计的过程中，我们搜集并浏览了很多资料，结合景德镇地域文化规划设计的多肉主题植物园，借助于景德镇传统的陶瓷艺术底蕴，辅以丰富的多肉植物和其他植物，使多肉主题植物园更具特质。然而在方案设计的过程中问题不断，多肉植物的大多形态娇小，难以形成大的景观形态。因此则需要考虑更多，更为细致的平面细化方案。过程中一步步的甚至是全部推翻之前的设计想法，推敲多肉植物园占地大小的合理性，还要考虑沙盘模型的制作比例及预想效果。这些问题像一个个拦路虎一样的把我们挡的死死的，滞留不前。幸而，最后在我们两位指导老师们的帮助下理清了思路，顺利的进行了后续工作。

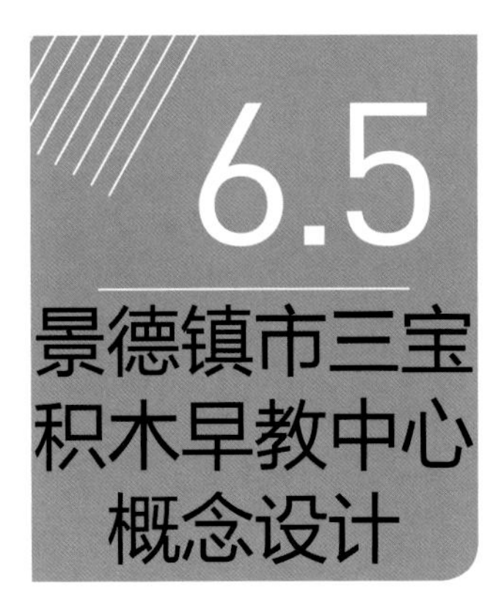

6.5.1 方案背景及意义

1. 方案背景

早教中心，是婴幼儿早期教育服务中心等机构的简称。是专门为婴幼儿和其家人提供早期教育培训指导和帮助的服务机构。早教中心的主要服务对象是 0-6 岁小孩和其家人。科学研究表明，正确的早期教育能够为小孩多元化的大脑发育和健康人格的培养打下良好的基础。

婴幼儿早期教育行业被誉为“永远的向阳行业”。据博思数据研究中心发布的《2010-2014 年中国早期教育行业市场分析与投资前景研究报告》分析，从全球范围看，早期教育经济发展迅速，预计今后 10 年内，婴幼儿早期教育的经济收入将以 7%-8% 的速度增长。而早教行业在我国也已步入高速发展期成长阶段。(图 6-131)

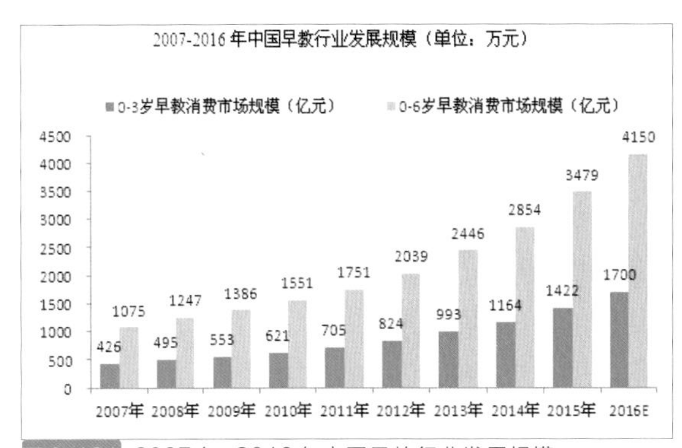

图 6-131 2007 年 -2016 年中国早教行业发展规模

2. 方案意义

幼儿期是人生智力发展的关键期，抓紧早期教育，可以提高学习效果。美国芝加哥大学著名心理学家布鲁姆 1964 年出版了《人类特性的稳定与变化》一书，提出了有名的智力发展的假设：“5 岁前是儿童智力发展最迅速的时期。”我国著名心理专家郝滨老师曾说过：“幼儿教育是人生整个教育的起点，其教育目标应是保证孩子身心健康地发展，为接受进一步教育打好基础。”

“早教中心”并不是要教小孩什么，而是主要告诉小孩的父母和家人在生活中，如何给予小孩关爱的同时，高效进行大脑智力潜能开发，培养小孩良好生活习惯以及小孩性格培养等等全方位的指导和帮助，使他的身心更好地发育。

6.5.2 方案调研

1. 网络调研

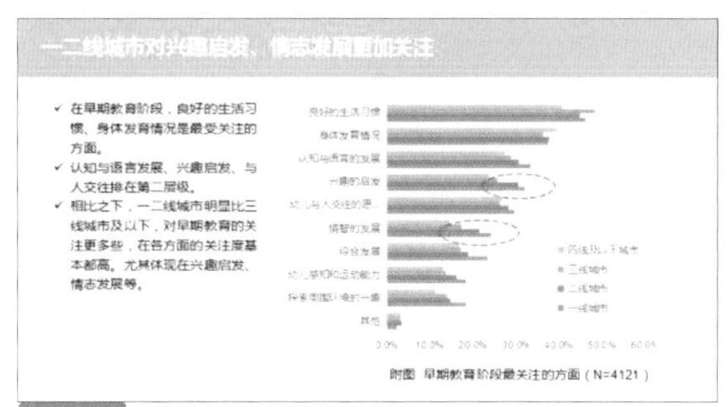

图 6-132 早期教育阶段关注的方面

从图表中看出一二线城市明显比三线城市及以下城市，对早期教育的关注更多些，在各方面的关注度基本都高。(图 132)

图 6-133 网络搜索景德镇早教中心的结果

06- 优秀学生作品

图 6-134 网络搜索景德镇早教中心的结果

围绕“发现景德镇”这个主题，我进行了一系列的网上搜索，发现：

①景德镇的早教中心市场还是比较的空白，可以搜出来的结果寥寥无几。（图 6-133）

②现有的早教中心建设不成熟，看起来毫无吸引力，而且未完全充分考虑到小孩的需求。（图 6-134）

③众多景德镇家长对早教中心有需求。在网上某些论坛能看到有景德镇家长的留言问景德镇哪里有早教中心？景德镇哪些早教中心比较好？

2. 现状调研

为了更好地了解到景德镇人民对早教中心的认知程度，以及他们对早教中心的想法，特意进行了一次问卷调查。本次的问卷调查地址选择在景德镇市吉的堡长虹国际双语幼儿园，一共现场发放问卷调查 40 份，实收 40 份，主要针对的是小朋友们的家长群体。

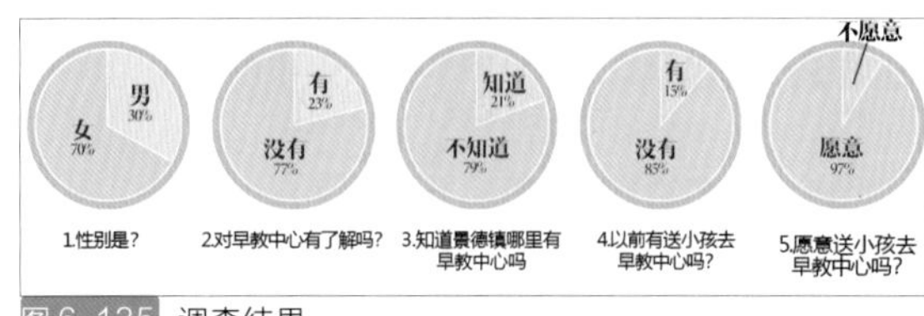

图 6-135 调查结果

从最终的结果能发现出来，77% 的家长对于早教中心这种机构大多数是不了解的。而且 79% 的家长对于景德镇的早教中心市场也是一无所知，证明景德镇的早教中心普及的程度不高。少数上过早教中心的家长反映里面的建设不是很成熟。经过一番解说后，有 97% 的家长表示有条件的话，会选择跟小孩一起去早教中心。（图 6-135）

通过这一系列的调研，发现景德镇的早教中心市场还是处于萌芽的阶段，具有很大的发展潜力和提升的空间。建设完好的早教中心，提高早教的认知度，让早教意识在景德镇普及开来，成为大众所知晓。

6.5.3 景德镇市三宝积木早教中心设计方案

1. 方案选址

方案的选址在景德镇市三宝路景致创意文化传播公司旁，这里地理位置优越，有大范围的绿地可以让小孩亲近大自然，一项独立的研究报告，揭示出小孩的童年与大自然接触，将为他们带来健康而有益的积极影响，包括降低孩子的压力水平、对抗抑郁、增加信心和自尊意识，以及提高学习成绩、减少多动症。而且这里有得天独厚的文化氛围，旁边是艺术展厅和一些手作人的工作室，弥漫着艺术气息，可以潜移默化地熏陶着每个人。（图 6-136、图 6-137）

图 6-136 星星处为该方案选址

图 6-137 选址现场照片

2. 设计来源

积木是很常见的小孩喜欢的玩具之一，而且积木有助于开发智力，训练小孩手眼协调能力，发挥孩子的想象。综合运用多种不同种类的积木共同搭建实物，有利于他们想象力和创造力的培养。方案的建筑外观灵感来源于积木，利用积木里面最常见的正方体、长方体、三角体、圆柱形状的积木通过拼搭而得出的。建筑外观是大面积素雅的白色，二层外立面用黄色的几何图形作为装饰。（图 6-138、图 6-139）

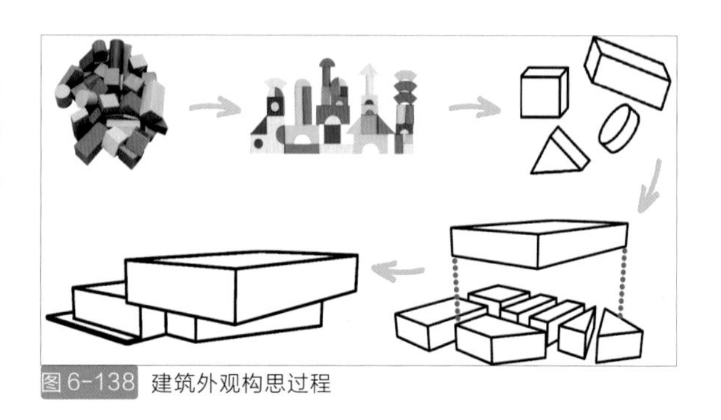
图 6-138 建筑外观构思过程

图6-139 建筑外观效果图

3. 设计原则

如今，可持续发展是当代人们重视的话题之一。在本方案中，秉着可持续发展的设计原则，建筑室内主要采用的是自然光和自然通风，可以达到节能减排的作用。

太阳东升西落，大面积的透光玻璃可以保证良好的光照效果，让小孩时刻可以享受自然光的沐浴，节约能源。（图6-139）

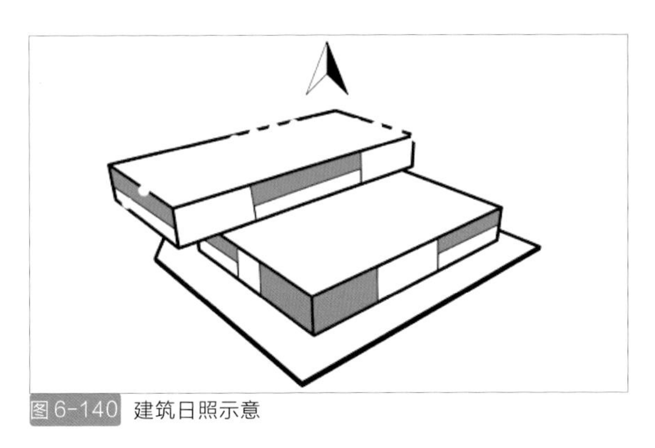

图6-140 建筑日照示意

夏季吹东南风，冬季吹西北风，玻璃的采用可以保证良好的通风。让小孩可以享受着自然风的吹拂，节能减排。（图6-141）

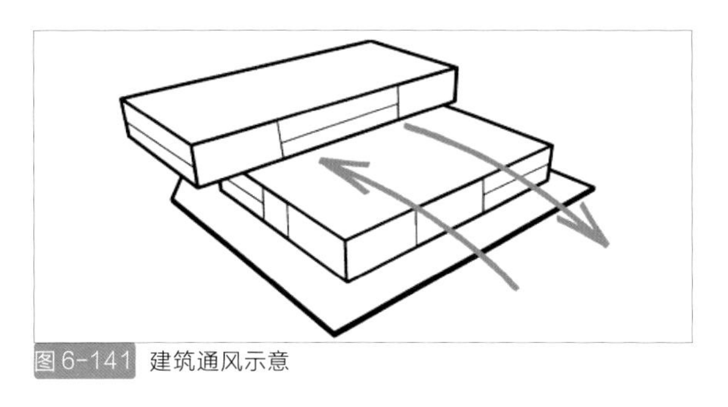

图6-141 建筑通风示意

在二层楼顶种植了草坪，利用植物的光合作用原理，建筑的内部就可以达到冬暖夏凉的生态效应，节能环保。（图6-142）

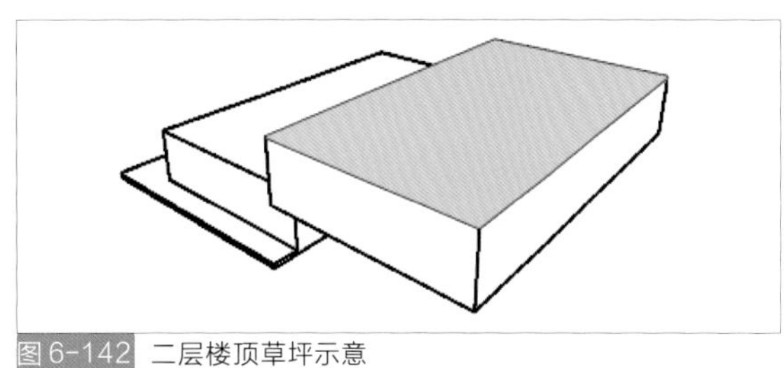

图6-142 二层楼顶草坪示意

4. 设计内容

（1）建筑室内分析

本方案设计为两层，一共680平方米左右。室内装修风格为现代简约风，不设有具象，而是让孩子们自行发掘这个空间给予他们想象的潜力，释放出他们的天性。（图6-143）

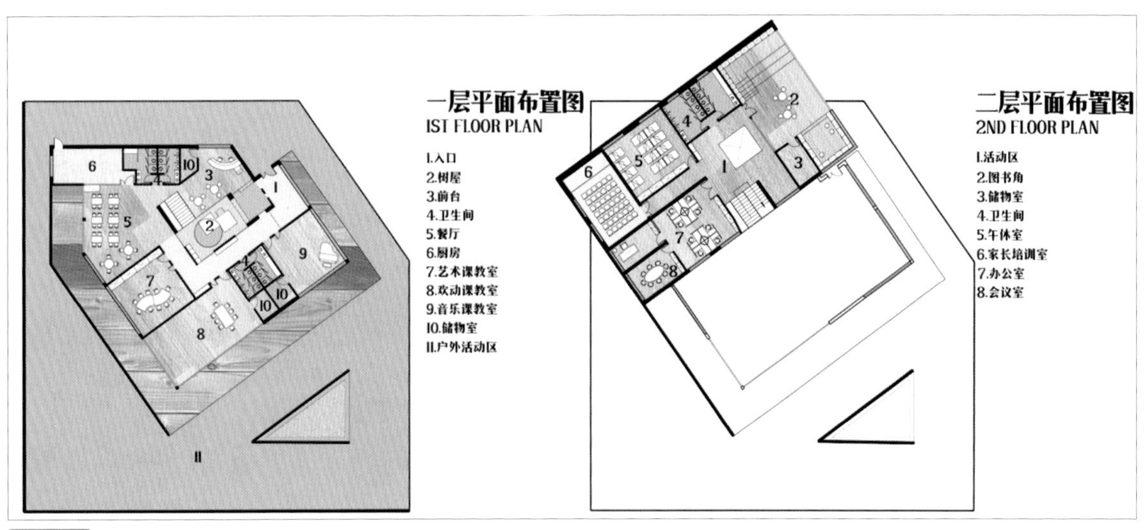

图6-143 平面布置图

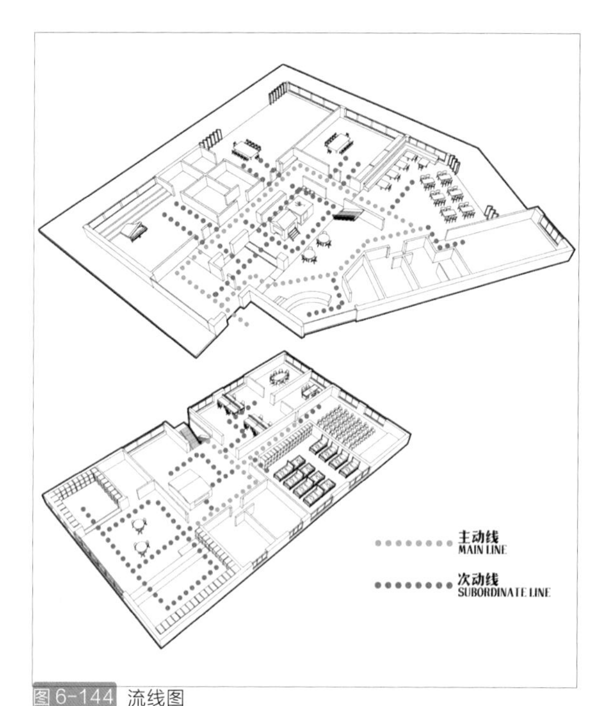

图 6-144 流线图

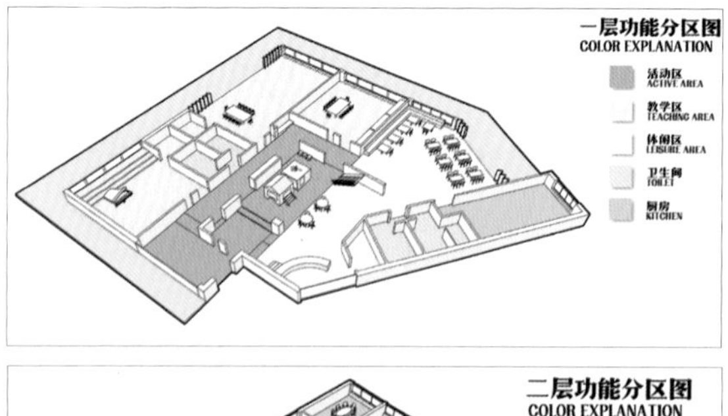

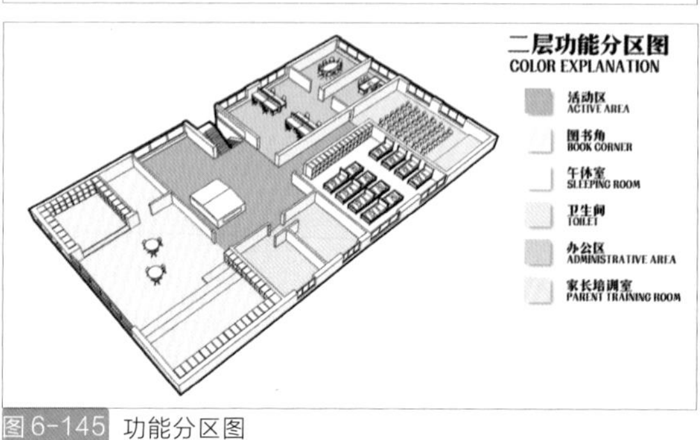

图 6-145 功能分区图

建筑内部主要分为活动区、教学区、休闲区、图书角等几个区域，分别设在一层和二层。一层是以动为主，进门可分别通往教室，小树屋活动区和前台。为了应对有些家长可能会推婴儿车进入室内，地面有斜坡的设计，前台设有储物室可以放置婴儿车等物品。二层则以静为主，有作阅读的图书角，还有可以作休息的午休室。老师的办公室和家长培训室也设在二层。两层以动静作为区分，营造出一个舒适的环境。（图 6-145）

（2）各功能空间介绍

进门处的右侧墙用黑板作为装饰，小孩可以随时在上面描绘自己的小世界。设有两种不同尺寸的门，满足不同的需求。门设计成屋子的造型，寓意温馨一家。（图 6-147、图 6-148）

活动区中央设有小树屋，天花是用圆形的露天造型，把光线引入室内。小树屋的设置给予小孩冒险的乐趣，小孩自行定义开发这片小天地。地上铺置地胶对于小孩的意外摔倒，可以提供极大的缓冲作用。（图 6-146）

图 6-146 小树屋效果图

图 6-147 进门处效果图

图 6-148

图 6-149 走廊效果图

图 6-150 前台效果图

前台设有家长的等候区，可以悠闲地看书休息之余也可以看着小孩快乐地玩耍。（图 6-150）

图 6-151 餐厅效果图

图 6-152 餐厅效果图

图 6-153 楼梯底下效果图

餐厅是与室外打通，可以选择在室内或者室外进餐。旁边楼梯下面，设置了一个打通的小空间。满足小孩喜欢探索的精神，对楼梯下面也充满了好奇心。（图 6-151~ 图 6-153）

图 6-154 欢动课教室效果图

图 6-155 音乐课教室效果图

图 6-157 图书角效果图

图 6-158 图书角外效果图

欢动课教室也与室外打通，可以满足老师家长小孩不同的需求。欢动课教室特意设有软包墙裙避免小孩磕碰致伤。（图 6-154）

音乐课教室的一面墙设为镜子，除了起到扩大空间，放开视野的作用，还有利于小孩在镜子里时刻看到自己的一举一动而受到启发。（图 6-155）

图 6-156

6.5.4 设计总结

通过这次早教中心方案设计中，让我了解到婴幼儿教育的知识，更让我懂得了小孩的需求设计、设计的合理性以及实用性。在完成毕业设计的过程中，通过网络查阅的早教中心和幼儿园的相关资料、借鉴成功的设计案例和指导老师的教导，让我从中学到了很多知识，真的是受益匪浅。

图6-159 展板 1 陈婉莹

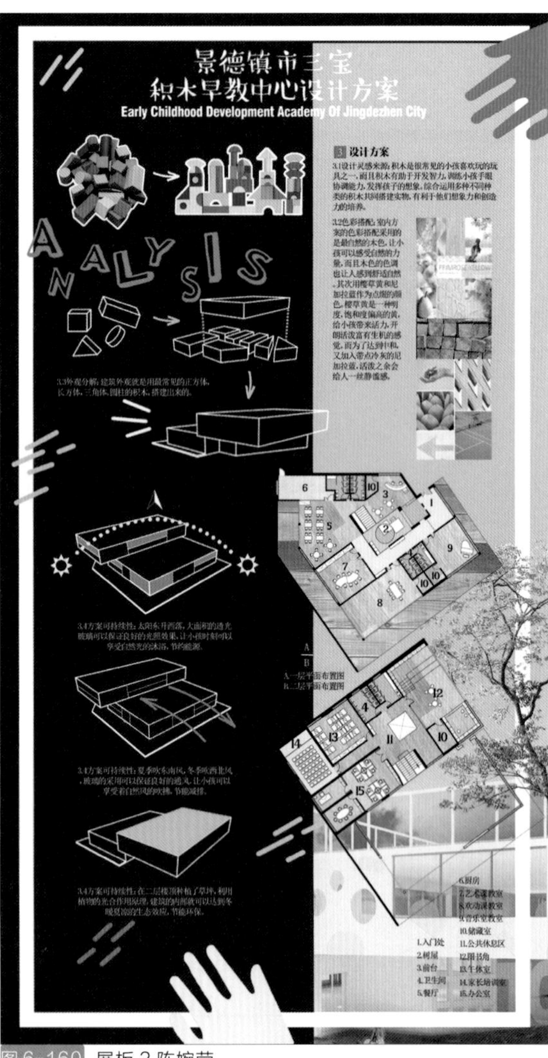

图6-160 展板 2 陈婉莹

图 6-161 展板 3 陈婉莹

图 6-162 展板 4 陈婉莹

6.6.1 项目来源

1. 选题背景

景德镇陶瓷大学是世界上唯一一所综合性陶瓷艺术大学，浓厚的人文气息，优美的校园景色，都为我们的大学生活增添了不少色彩。不过我发现学校缺少校园文化活动基地，导致一系列优秀学生作品，被学生直接丢弃，师生之间课余交流也没有合适的场所。时代新旧更替，中西方文化交融，西方咖啡受到中国青年学生的欢迎，校园咖啡厅可以说是学生学习之余交流的理想场所。全国各大艺术类高校都有属于自己的咖啡厅，如中国美术学院的“1928”咖啡厅，清华大学的“苏格猫底”咖啡厅等等。咖啡厅已经经历了很长的演变历史，咖啡厅成了社交聚会的场所，在这里，知识分子、艺术家、思想家或作家一边品着一小杯咖啡，一边宣讲自己的学识、高见或哲学。如今，咖啡厅的精神依旧，但是有些观念已经发生了相当大的变化。咖啡厅虽然还是人们聚会的地方，但也是一种另类的休闲和娱乐场所。如今，在咖啡厅的风格方面，至少在建筑学和装饰方面，已经没有什么禁忌和限制，当今的流行趋势是折中主义和混搭型风格。

创造一个独特满足学生学习交流、作品展示、物品交易的活动场所，可以在不知不觉中提高学生素质，提高校园生活品质以及丰富的校园生活。本案设计的展示空间，分上下两层，一层结合学生活动、作品展示、物品交易所需来体现，二层为咖啡厅，集合了学习交流、校园沟通、休闲娱乐等功能。该项方案在设计过程中会注意校大学生的需求，考虑他们的心理特点和行为习惯。本案中咖啡厅店名定为虚一而景，出自《荀子 · 解蔽》篇又作“虚壹而静”。指虚心、专一而冷静地观察事物，就能得到正确认识。意在学生面对学习困难时能虚心、专一而冷静地去学习。

2. 场地环境

校园咖啡厅属于人文类咖啡厅，地理位置的选择很重要，本案中咖啡厅选址于景德镇陶瓷大学校内，位于设计艺术学院前，博学路与致远路交叉处，此处为学生上课，去图书馆的必经之路，接近体育场和一食堂。

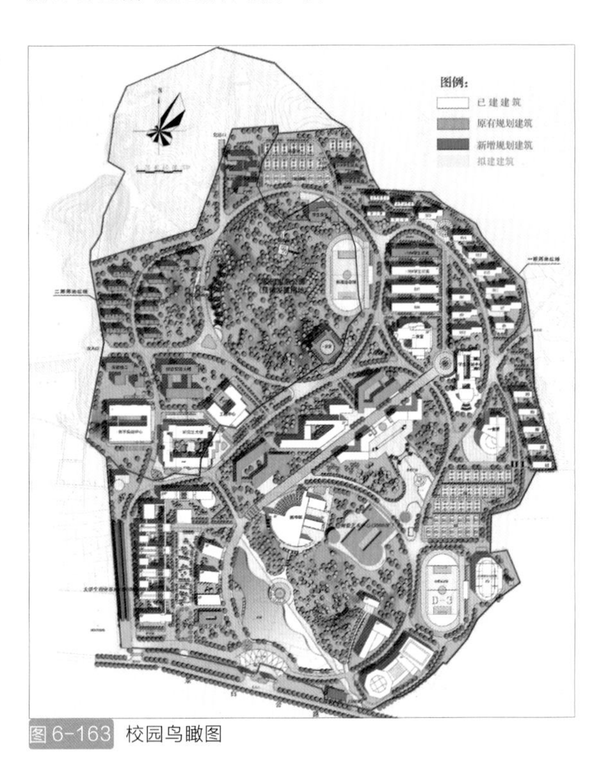

图 6-163 校园鸟瞰图

图 6-164 实地照片

6.6.2 设计定位

1. 设计目的

在这个纷繁复杂的现代社会里，年老一代的有“茶”这一国粹来陶冶情操，以茶会友，在年轻人中咖啡却已慢慢地成为流行的情调饮品。近年来我国许多城市咖啡厅的数量迅速增长，咖啡厅已经成为人们进行交流休闲的重要场所，作为校园生活的补充与丰富。师生在学习工作之余需要一个便利的休闲娱乐及学习交流的场所，大学校园是人口极为密集的场所，有着稳定的消费市场，而且需求旺盛。因此，一个可以学习交流、缓解压力充满阳光的咖啡厅就正是我要表达的设计主题。设计意向图如下：（图 6-166~ 图 6-168）

图 6-165 实地照片

图 6-166 设计意向图

图 6-167 设计意向图

图 6-168 设计意向图

（1）消费人群

本案中咖啡厅的消费群体主要为学生和教师，他们年龄、收入、消费习惯较为单一，在学校里，寝室、教室、食堂三点一线的生活迫切需要别样的选择。

（2）设计步骤

本案设计由收集相关资料——实地考察阶段——归纳分析阶段——方案研究阶段——总结成果阶段来展开。最开始查阅图书馆、互联网相关的资料、走访市场。搜集材料后进行对咖啡厅初步设计阶段；平面图、立面图、效果图、设计说明书。

（3）风格定位

咖啡厅空间设计中，我借鉴的是 LOFT 现代工业风，LOFT 在牛津词典上的解释是“在屋顶之下、存放东西的阁楼”。但现在所谓 LOFT 所指的是那些“由旧工厂或旧仓库改造而成的，少有内墙隔断的高挑开敞空间”，这个含义诞生于纽约。LOFT 的内涵是高大而敞开的空间，具有流动性、开放性、透明性、艺术性等特征！ 在 20 世纪 90 年代以后，LOFT 成为一种席卷全球的艺术时尚。在 20 世纪后期，LOFT 这种工业化和后现代主义完美碰撞的艺术，逐渐演化成为了一种新的时尚并且在全球广为流传。LOFT 设计效果图如下：（图 6-169、图 6-170）

图 6-169 LOFT 设计效果图

图 6-170 LOFT 设计效果图

咖啡厅空间设计也是属于室内环境设计这一整体艺术之中的，它是空间、形体、色彩以及虚实关系的把握，功能组合关系的把握，意境创造的把握以及与周围环境的关系协调。在整个设计过程从平面布置开始，本方案分上下两层，上下风格协调统一，使得空间有整体艺术化，从“屋的堆积”中解放出来，力求统一整体之美。本案服务于讲求个性化的学生群体，工业化生产既创造了丰富的物质，又留下了千篇一律的问题，个性化是对人性的尊重，在人们追求个性化的时代，LOFT 现代工业风使得室内设计不再是单调与冷漠，而是踏破铁鞋苦苦相寻的个性和酷。

6.6.3 设计内容

1. 平面布置图

一层为学生活动交易区。总面积约为 600 平方米，有停车区、交易展示区、储藏室、管理员办公休息室等。半开放式空间较为自由，可供学生自由安排。（如图 6-171~ 图 6-173）

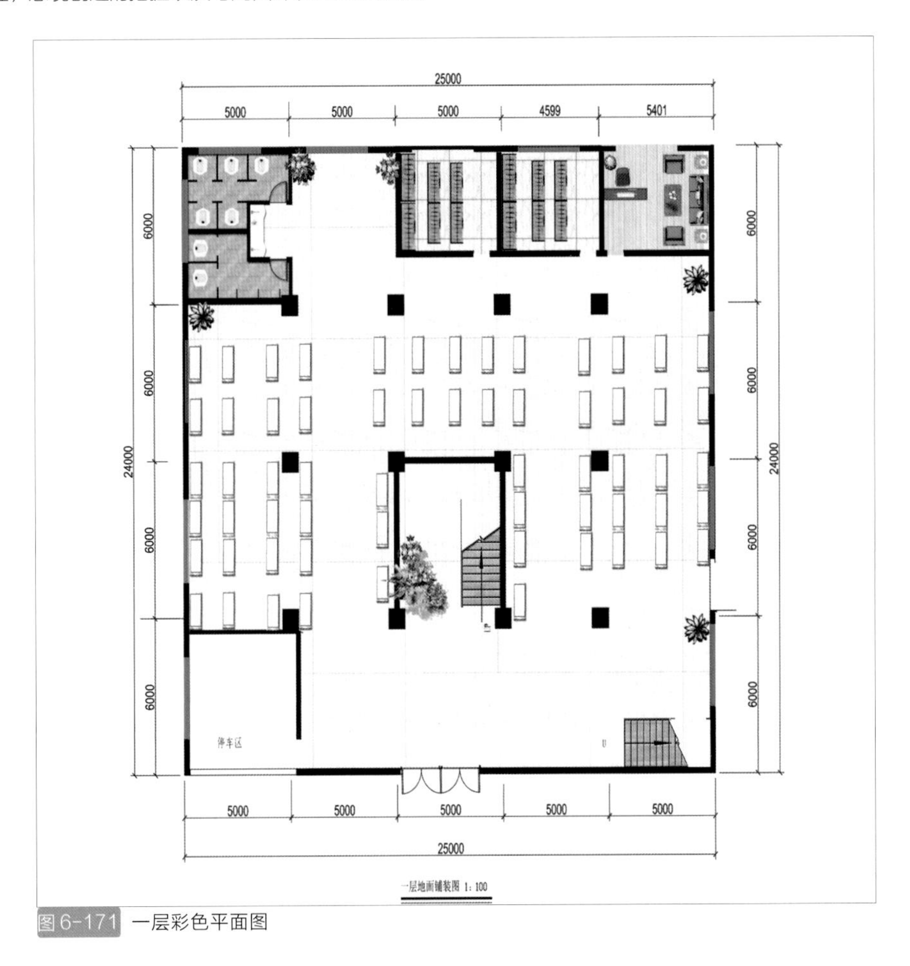

图 6-171 一层彩色平面图

★蒋浩．浅析酒店空间的光环境设计 [J]. 山西：山西建筑，2007，4(2)：37-39.
★潘吾华．室内陈设艺术 [M]. 北京：中国建筑出版社，2011

二层咖啡厅总面积约为 600 平方米，其主要功能分区为大厅过道区、厨房后勤区、散座区、包厢区、室外就餐区和舞台娱乐区。（图 6-172~ 图 6-174）

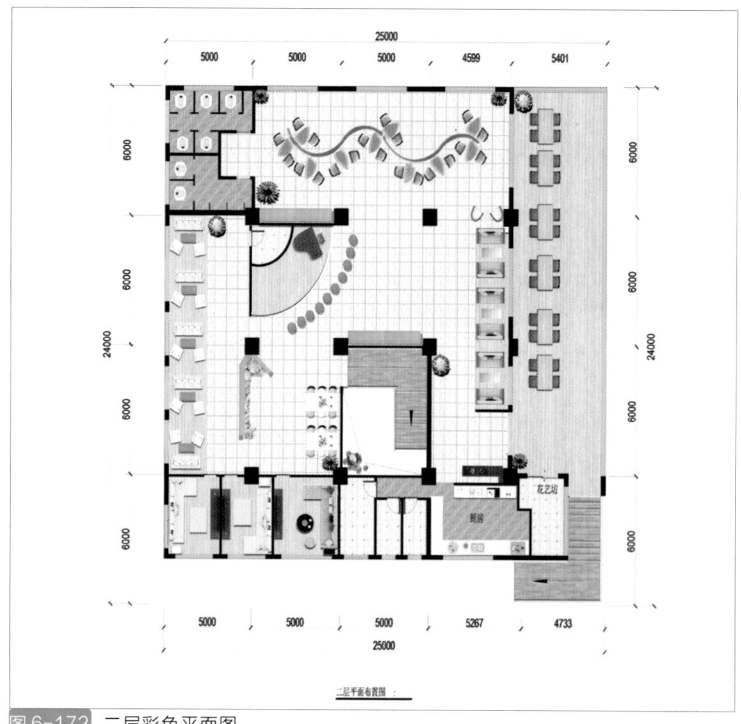

图 6-172 二层彩色平面图

2. 平面功能分区

功能划分是对整个区域空间的再分布过程。

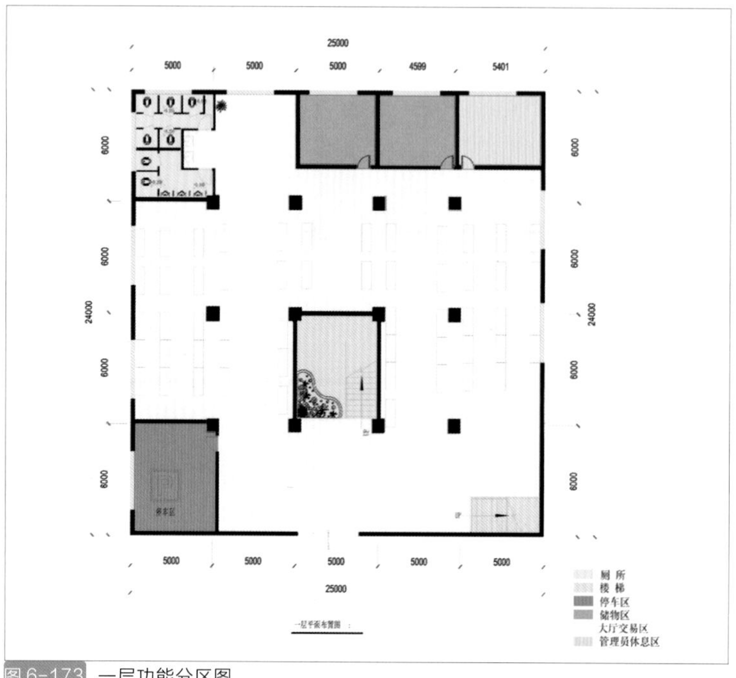

图 6-173 一层功能分区图

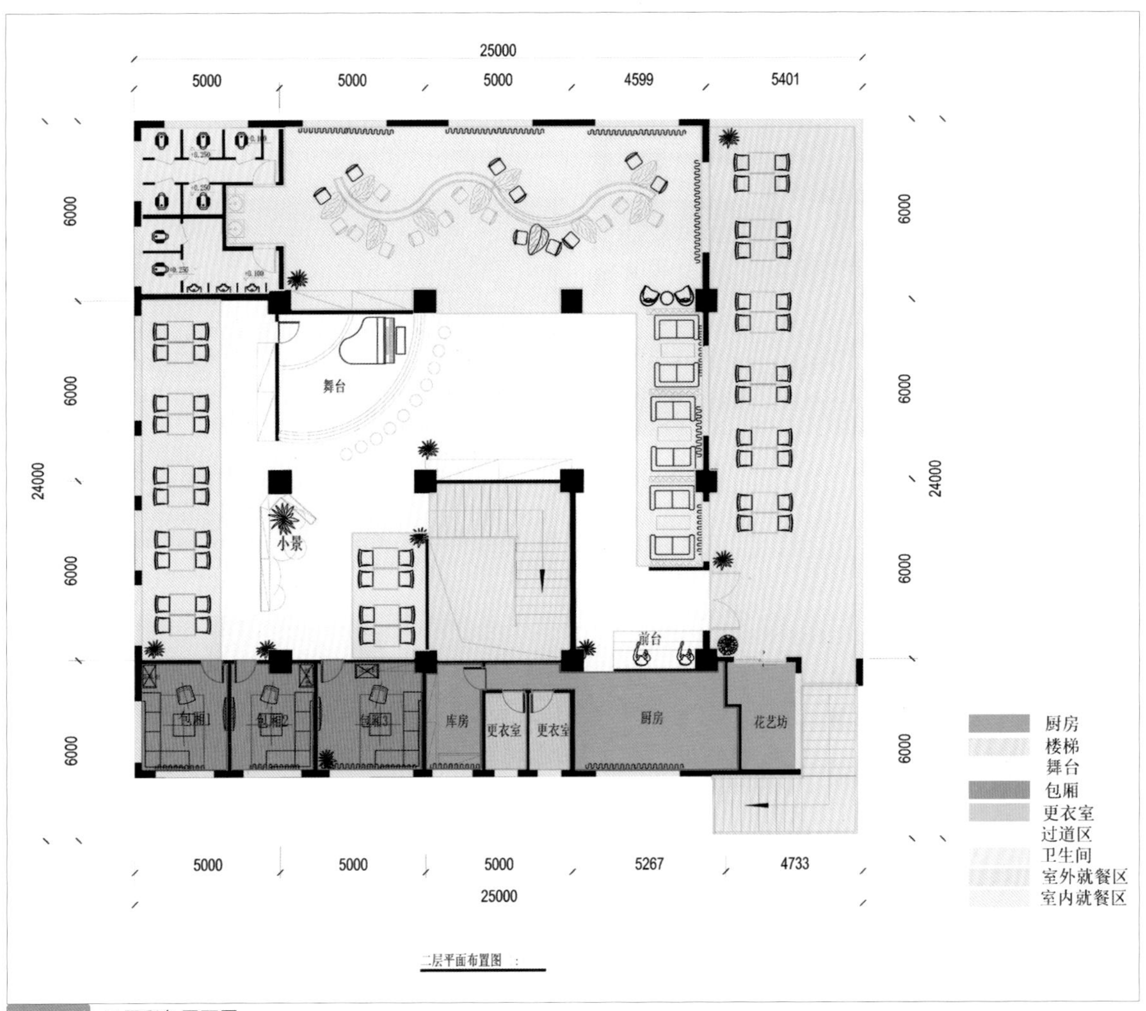

图 6-174 二层彩色平面图

（1）入口处效果图

入口处是人们对咖啡厅的第一印象，本案在设计中主要采用材质的本色为主色调，外墙与学校建筑相统一使用咖啡色砖墙、深色木地板，加入玻璃钢木等现代工业气息材料，以小景、树木、桌椅、秋千、工艺品等为点缀，同时在设计中融入许多柔和的色彩，软装搭配，利用视觉反差，达到风格上的融合，营造出浪漫、和谐、自然的灵动空间。（图 6-175）

（2）前台效果图

大门进门处便是前台收银位置，内设储物柜，便于收银和为客人保管物品，前台主要采用碳化木饰面，由于表面碳化木是纯天然防腐木，表面凹凸易产生立体效果，纹理清晰、古朴典雅。（图 6-176~ 图 6-178）

图 6-175 大门效果图

图 6-176 大厅效果图

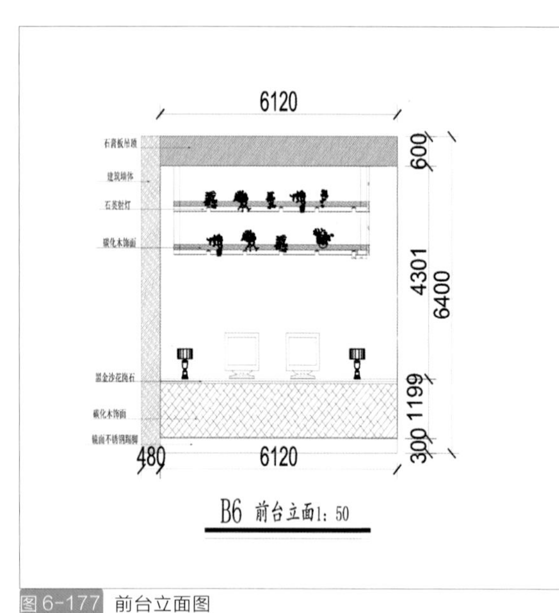

图 6-177 前台立面图

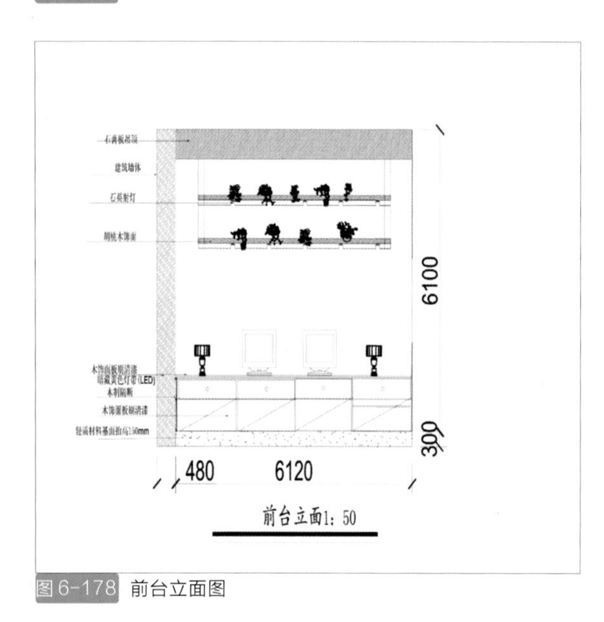

图 6-178 前台立面图

（3）一层效果图

一层为学生活动交易空间，空间十分自由。在一层中间位置设计了一个楼梯方便一、二楼之间的人员流动。（图 6-179、图 6-180）

图 6-179 一层效果图

图 6-180 一层效果图

（4）沙发区

在咖啡厅空间布置的手法是多种多样的，沙发区使用橡木地板抬高，橡木板上顶，LOFT 工艺灯具，在本设计方案中我利用到铁艺木架隔断缓冲通道与视线，使人无法一目了然。通过虚的手法遮挡视线，似隔非隔，隔中有透，实中有虚，适当的分隔还可满足部分客人不想被打扰的心理。（图 6-181、图 6-182）

图 6-181 沙发区效果图

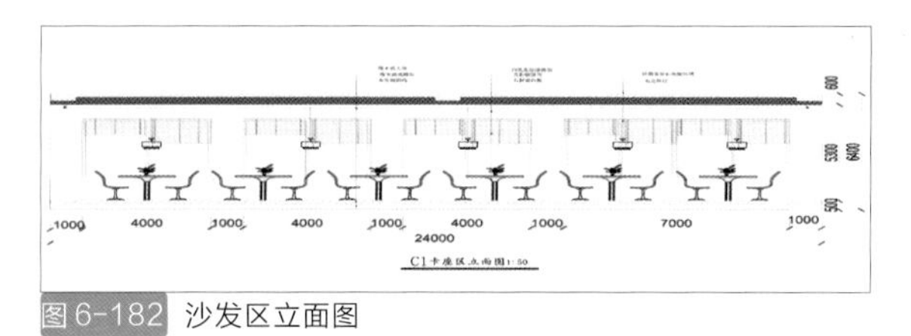

图6-182 沙发区立面图

（5）舞台娱乐区

舞台区属于互动区是比较活跃的一部分，位于整个咖啡厅中心位置，它会带动整个咖啡厅的气氛。学生群体本就比较活泼，舞台的存在，可以吸引到在咖啡厅的顾客参与其中，舞台抬高处理，使整体空间更和谐、更有层次感。（图6-183）

图6-183 舞台区效果图

（6）特色“S”区

特色“S”区使整个空间更加活泼，增加其趣味性，地面是简单的青灰砖、顶面采用旧船木上顶，金属扣条和LOFT灯具，树叶形桌子设计，采取弧形分割，柔和的光线照在树叶形的桌上，为这个空间带来了温暖与活力。与沙发区相连的墙面我采用了线下流行的攀附式绿植墙，加上来具有趣味的工艺吊椅，整个空间绿意盎然、生机勃勃。（图6-184、图6-185）

图6-184 特色“S”区效果图

图6-185 特色“S”区效果图

（7）包厢区

包厢是比较私密的一个区域，增加了咖啡厅的私密性。这样让本咖啡厅的空间布置更加合理，包房与散座区的对比，相互呼应，有动有静。这样更能照顾到各色各样顾客的感受和需求。

（8）后勤区

酒吧的后勤区主要由厨房、员工休息室、更衣室、储物间组成，这些功能只要方便实用即可。

3. 室内材质选取

从咖啡厅本身的氛围需要考虑，咖啡厅的空间环境比较清幽、雅致，又由于本方案是以校园为中心的，所以在选择材料、色彩、造型时都要紧扣这一主题。材料是室内环境设计支撑的骨架，是设计取得成果的桥梁，材质给造型带来生命。在空间中，材料运用的好坏直接影响设计作品的好坏。从材料的实用性来考虑，在咖啡厅设计方案中，咖啡厅的地面采取的是青灰砖和复合橡木地板，这些材料耐磨、耐脏且易于打理。内墙采用白色乳胶漆墙面，给人一种简单干净的感觉。外墙是与校园建筑一致的咖啡色外墙砖，这样的设计主要是为了与校园建筑相统一，使它能更好地融入这个学校。（图6-186~图6-191）

图6-186 橡木贴图

图6-187 黑胡桃木贴图

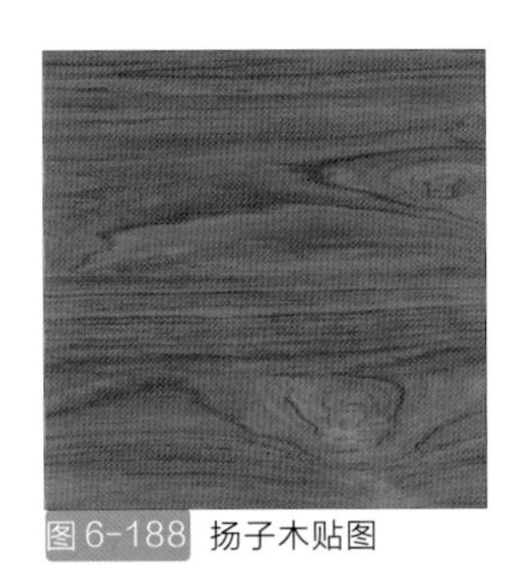
图 6-188 扬子木贴图

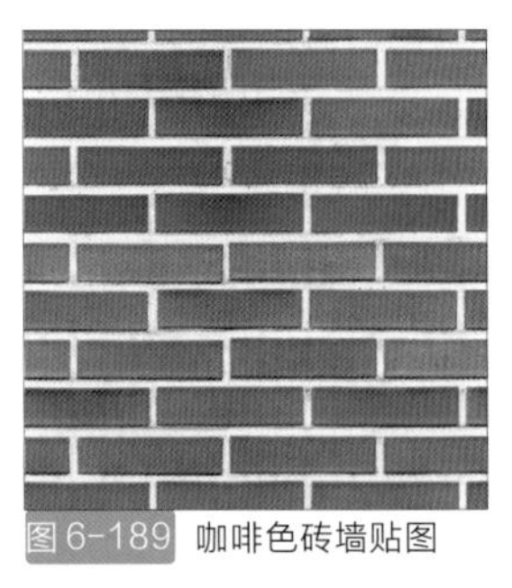
图 6-189 咖啡色砖墙贴图

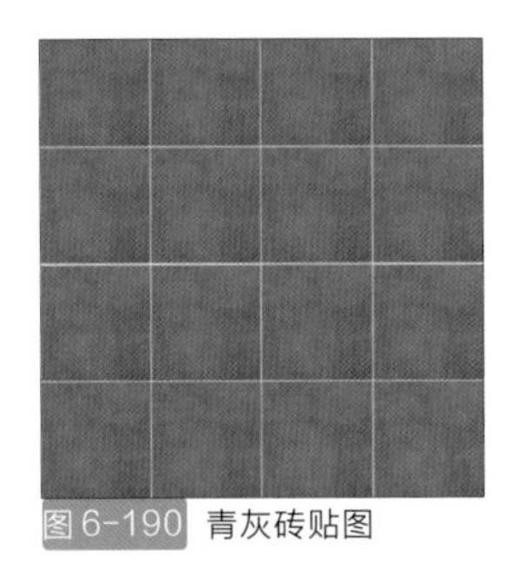
图 6-190 青灰砖贴图

图 6-191 黑晶玉大理石贴图

4. 室内颜色搭配

色彩是一种语言，通过不同的色彩语言，表达不同的色彩功能，色彩的魅力正是因为颜色和颜色之间用“形象的语言”向人们生动的表达他们的功能。因而色彩是餐饮空间设计中的重要元素，不仅能表明商业主题，又能烘托出空间中的气氛。由此可见色彩搭配在咖啡厅空间设计中是举足轻重的。本案在选择主体色调时，考虑现在学生都阳光且活泼，而且年轻一代本就有活力，室内色调会更青睐于暖色调。色彩搭配如下：（图 6-192、图 6-193）

图 6-192 效果图

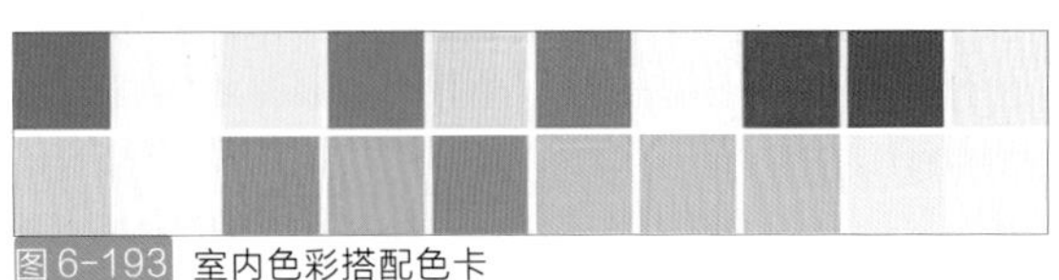
图 6-193 室内色彩搭配色卡

5. 室内软装设计

（1）室内陈设品

在咖啡厅中陈设设计是一个重要组成部分，室内陈设分三点进行设计；一是更好地满足对空间环境的使用功能需求。主要表现在利用陈设对空间进行二次分隔和二次界定使空间布局更加合理。二是烘托空间内的环境气氛，强化各建筑空间的环境风格。三是反映建筑空间环境的历史文化，体现民族和地方特色。在本设计方案中我特意加入了绿植陈设，绿植不仅具有净化空气，调节气候的功能，还能组织引导空间、增添室内生机。其中的植物选择如吊兰、绿萝和剑蕨等都易打理，在墙面上种植一些多肉佛珠等吸水少的植物。这些绿植墙面、精致的沙发和木质桌椅，还有新鲜调制的咖啡搭配在一起为咖啡馆创造香气芬芳的舒适环境。

（2）室内灯具

在咖啡厅的装修设计中，局部照明设计和应用是灯光设计的灵魂，室内灯具照明不仅可以为人提供良好的光照条件，还具有组织空间，增强室内空间艺术效果，烘托空间气氛和增添情趣等功能，在本咖啡厅空间中，光源来自自然采光和人工照明，由于白天采用把阳光直接引入室内，使得室内空间更为亲切自然。光影变化使室内环境更加丰富多彩。人工照明只用来点缀空间装饰品，但夜间的室内照明如何符合整体风格，协调色彩、空间亮度、避免眩光等都是我仔细思考过的问题。我设计的灯光效果从灯具实用性出发，会以暖色光为主，在本设计中我采用了 LOFT 风格的灯具，如吊灯、吸顶灯、射灯、轨道射灯、造型台灯、灯箱、暗藏灯带等，这些各种类型的灯组合在一起可以营造出亲切的气氛。参考灯具：（图 6-194~ 图 6-197）

6.6.4 项目设计总结

我的设计方案定位为咖啡厅，风格定位为 LOFT 工业风，在本案中，设计的原则和初衷就是尝试尽可能地通过木质和铁艺这种最简单的材质，简化繁杂的设计元素，以契合 LOFT

图 6-194 参考灯具

图 6-195 参考灯具

工业风的特征。整个空间通透、含蓄、简约但不乏精细的细部处理。在做格局规划时，从多个角度出发，进行综合考量，使整体空间比例协调，不会出现功能分区紊乱和结构不合理的现象。同时从硬装到软装、从功能到美观，都可以展现校园咖啡厅的个性美，从而突出主题。

毕业设计是从校园理论学习到社会运用的一个过渡阶段，毕业设计是个很好的过渡跳板。

本次设计解决的最大问题就是让我摆脱了单纯的理论知识学习状态，实际设计的结合锻炼了我的综合运用所学的专业基础知识，同时也提高我查阅文献资料、电脑制图等其他专业能力水平，而且通过对整体的掌控，对局部的取舍，都使我的能力得到了锻炼，经验得到了丰富，并且意志，抗压能力及耐力也都得到了不同程度的提升。在本设计中，本人想多体现一些与虚一而景咖啡厅的主题有特色、有内涵的东西，让咖啡厅的设计不太流于世俗，给人以充足的空间但在理想与现实总会有些不尽人意的地方，比如说我本人对于专业知识的不精通，还有实战经验的缺乏，都会导致在该设计中有欠缺和不足，不正确的地方，恳请批评指正。

6.6.5 设计展板

图 6-196 参考灯具 1

图 6-197 参考灯具 2

图 6-198 展板曹婵 1

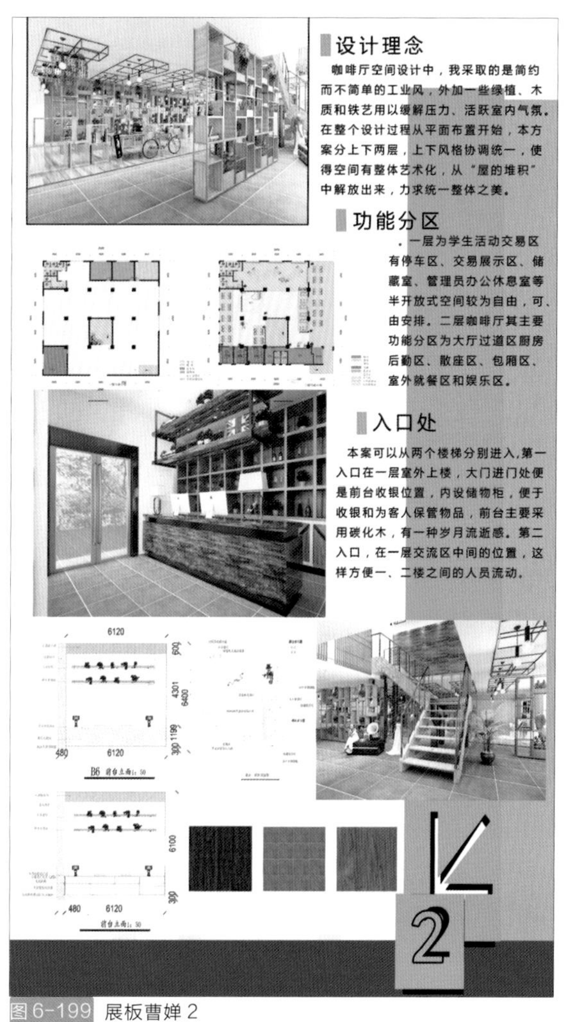

图 6-199 展板曹婵 2

★朱力．非线性空间艺术设计．长沙：湖南美术出版社.2008.

★徐佳兆．餐厅与咖啡厅设计 [M]. 辽宁：学技术出版社，2008.

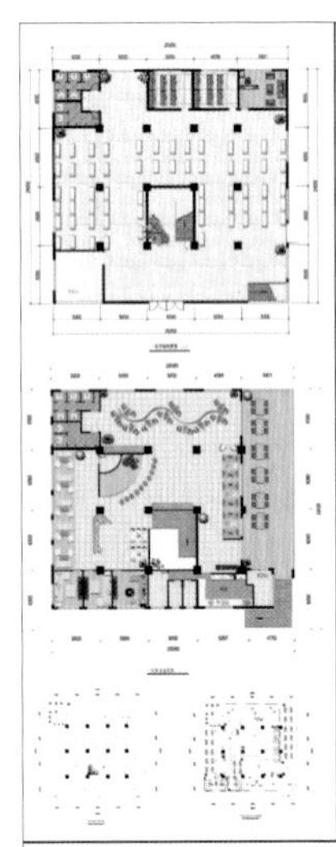

沙发区

在咖啡厅空间布置的手法是多种多样的，沙发区是橡木板抬高，橡木板上顶，铁艺的工艺灯具，每个沙发区通过虚的手法遮挡视线，似隔非隔，隔中有透，实中有虚。在本设计方案中我利用到铁艺木架隔断缓冲通道与视线，使人无法一目了然。适当的分隔还可满足部分客人不想被打扰的心理。

舞台娱乐区

舞台区属于互动区是比较活跃的一部分，位于整个咖啡厅中心位置，它会带动整个咖啡厅的气氛。学生群体本就比较活泼，舞台的存在，可以吸引到在咖啡厅的顾客参与其中，舞台抬高处理，使整体空间更和谐、更有层次感。

3

图6-200 展板曹婵 3

特色“S”区

从咖啡厅本身的氛围需要考虑，咖啡厅的空间环境比较清幽、雅致，又由于本设计方案是以校园为中心的，所以在选择材料、色彩、造型时都要紧扣这一主题。铁艺的灯具，具有特色的“S”区除了树叶桌外，弧形分割外，墙面采用了线下流行的攀附式绿植墙，加上来具有趣味性的吊椅，整个空间活泼且通透。

颜色搭配

本案在选择主体色调时，考虑现在学生都阳光且活泼，而且年轻一代本就有活力，更青睐于暖色调。在本设计方案中采取的主题色调是暖色调，在其中还会配合一些金属质感材料，加上室内绿植，让色彩和谐。

室内陈设

在本设计方案中加入了绿植陈设，绿植不仅具有净化空气，调节气候的功能，还能组织引导空间、增添室内生机。铁艺木质隔断上摆放的陈列式绿植，墙面设置局部凹凸不平的墙面和壁龛里种植着壁挂式绿植，均匀布置、不对称摆放，使得空间整体轻松活泼、富有雅趣。

设计总结

我的设计为校园咖啡厅，风格定位为工业风，在本案中，设计的原则和初衷就是尝试尽可能地通过涂料这种最简单的材质，简化繁杂的设计元素，以契合现代简约的风格特征。整个空间通透、含蓄、简约但不乏精细的细部处理。在做格局规划时，从多个角度出发，进行综合考量，使整体空间比例协调，不会出现功能分区紊乱和结构不合理的现象。同时从硬装到软装、从功能到美观，都可以展现校园咖啡厅的个性美，从而突出主题。

4

图6-201 展板曹婵 4